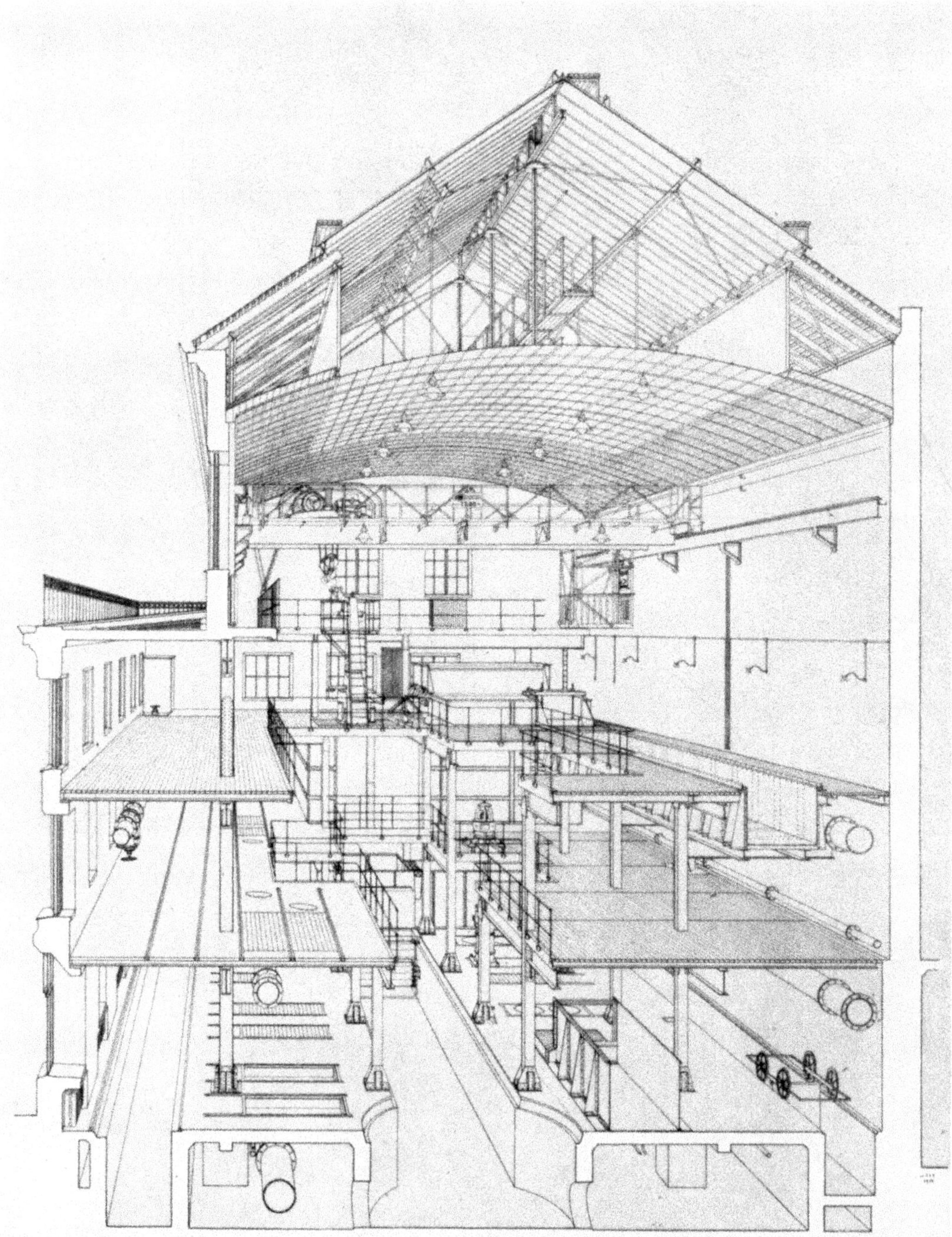

Haupthalle des Hydraulischen Instituts.

Mitteilungen des Hydraulischen Instituts der Technischen Hochschule München

Herausgegeben vom Institutsvorstand

D. Thoma

Dr.-Ing., o. Professor

Heft 1

mit 84 Abbildungen und einem Titelbild

Druck u. Verlag von R. Oldenbourg · München u. Berlin 1926

Vorwort.

In den „Mitteilungen“ soll über Forschungsarbeiten berichtet werden, die im Laboratorium des hydraulischen Instituts oder sonstwie mit den Mitteln oder auf Anregung des Instituts ausgeführt worden sind.

Wenn die Berichte einer Forschungsanstalt nur in Fachzeitschriften veröffentlicht sind, wird die praktische Anwendung der Ergebnisse dadurch erschwert, daß die Berichte über viele Jahrgänge verschiedener Zeitschriften verstreut sind. Bei einer dauernd arbeitenden Anstalt wird dieser Nachteil besonders fühlbar, weil bei vielen Aufgaben die Bearbeitung des ganzen Gebietes so lange Zeit erfordert, daß es erwünscht ist, Teilergebnisse schon vor dem vollständigen Abschluß der Arbeit zu veröffentlichen, um die praktische Anwendung ohne Verzug zu ermöglichen, die Zusammenarbeit mit anderen Forschungsanstalten zu fördern und die gegenseitige Abstimmung der Bestrebungen zu erleichtern. Daher wird später häufig auf frühere Berichte Bezug genommen werden müssen, was an den Leser unbillige Anforderungen stellen würde, wenn er die früheren Berichte nicht gesammelt zur Hand hat. Diese Erwägungen haben mich dazu bestimmt, auf die Veröffentlichung in Zeitschriften im allgemeinen zu verzichten und die Berichte gesammelt herauszugeben. Die Hefte sollen in zwangloser Folge erscheinen, so wie es sich aus dem Fortschreiten der Arbeiten ergibt; voraussichtlich wird etwa alle 1 bis 2 Jahre ein Heft erscheinen können.

Es ist unvermeidbar, daß die Mitteilungen einer Forschungsanstalt im großen und ganzen die Gedankenkreise des Leiters widerspiegeln, auf den in der Regel die Anregung zu den Arbeiten zurückgeht, der beim Entwerfen der Versuchseinrichtungen mitwirkt und das Fortschreiten der Arbeiten verfolgt. Die vornehmste Pflicht, die dem Leiter einer großen Forschungsanstalt zukommt, ist damit aber auch erfüllt: geeigneten Mitarbeitern Anregungen zu erteilen und die äußeren Bedingungen für fruchtbare Arbeit zu schaffen, ist das Wesentliche seiner Leistung. Ich bin deswegen bestrebt gewesen, allen Mitarbeitern bei der Durchführung und Bearbeitung der Versuche möglichst volle Freiheit zu lassen. Die Berichte sind somit — außer an den Stellen, wo etwa Gegenteiliges bemerkt sein sollte — als selbständige Leistungen der Verfasser zu bewerten.

Bei einigen Versuchen, über die das vorliegende erste Heft berichtet, wird den Fachgenossen vielleicht der kleine Maßstab der Versuchskörper auffallen, der in keinem Verhältnis zu der Größe des Laboratoriums steht. Das Laboratorium, welches nach den Plänen und unter der Leitung meines Vorgängers, des Professors Dr. R. Camerer, noch vor dem Kriege erbaut worden ist, hätte Versuche mit viel größeren Versuchskörpern gestattet. Grund der Beschränkung waren die Finanznöte des Instituts, welches unzureichend dotiert ist, so daß nach Abzug des für den Unterricht erforderlichen Aufwandes nur geringe Mittel für Forschungsarbeiten übrig bleiben. In diesem Zusammenhange muß dankbar der Unterstützung durch die Helmholtz-Gesellschaft zur Förderung der physikalisch-technischen Forschung gedacht werden, welche einen namhaften Beitrag zu den Kosten der Arbeit von G. Vogel geleistet hat. Es wäre zu wünschen, daß in dem Vorwort späterer Hefte auch anderen Stellen für tatkräftige Unterstützung gedankt werden kann.

München, im Februar 1926.

D. Thoma.

Inhaltsverzeichnis.

Seite

Zahnradpumpen mit Evolventenverzahnung.

Von Dipl.-Ing. **Rolf Ammann.**

Eine direkte Berechnung der Fördermenge von Zahnradpumpen erscheint unbequem. Deshalb stellt man zweckmäßigerweise nach Prof. Dr. D. Thoma nachfolgende Überlegung an.

Bei reibungsfreier Flüssigkeit ist die bei einer vollen Umdrehung des treibenden Rades von der Pumpe abgegebene Arbeit einerseits gleich dem geförderten Volumen × Druck, anderseits nach Energieprinzip gleich dem Drehmomente der Antriebswelle × Drehwinkel.

An der wirklichen Pumpe wird nur ein Rad angetrieben. Für die nachfolgende Rechnung wollen wir jedoch beide Räder angetrieben denken, und zwar derart, daß der Zahndruck gerade verschwindet, die bei der wirklichen Pumpe aufeinandergepreßten Zahnflanken sich also drucklos berühren. Die für eine bestimmte Bewegung des Getriebes insgesamt aufzuwendende Arbeit wird dadurch nicht geändert.

Zunächst betrachten wir nicht eine ganze Umdrehung der Räder, sondern nur eine Drehung um einen ∞ kleinen Winkel.

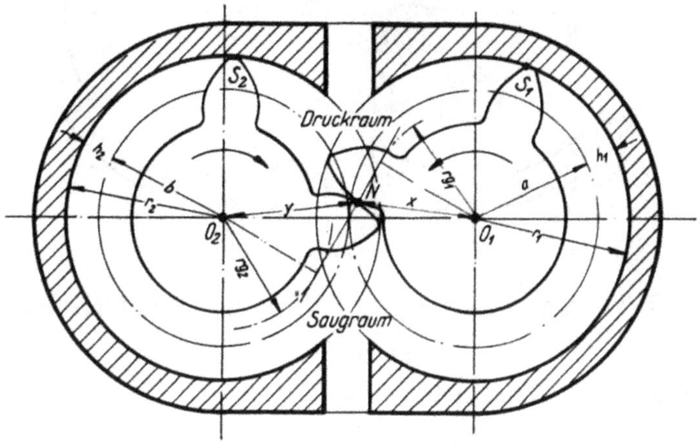

Abb. 1.

Bezeichnet man mit dV die geförderte Menge, mit M_1 und M_2 die Drehmomente der beiden Räder *1* bzw. *2*, mit $d\varphi_1$ bzw. $d\varphi_2$ die beiden Drehwinkel von Rad *1* bzw. *2*, dann ist also

$$dVp = M_1\, d\varphi_1 + M_2\, d\varphi_2 \quad . \quad . \quad . \quad . \quad . \quad . \quad . \quad . \quad . \quad . \quad . \quad (1)$$

Zunächst sei fernerhin die Annahme gemacht, daß nur 1 Zahn in wirksamem Eingriff sei. Aus allgemeinen Gesetzen der Hydrostatik folgt (bei der hier unbedingt zulässigen Vernachlässigung der Gewichtswirkung), daß für die an den Rädern wirksamen Momente nur die Abstände der Punkte, die den Druckraum vom Saugraum trennen, von den betreffenden Achsen maßgebend sind, also (Abb. 1) für das Rad *1* die Abstände S_1—O_1 und N—O_1, für das Rad *2* die Abstände S_2—O_2 und N—O_2. Da es nur auf die Abstände ankommt, ist es auch offenbar gleichgültig, ob die Abdichtung am Kopfkreis gerade durch die eingezeichneten Zähne oder durch andere Zähne erfolgt, oder ob sich schließlich der gesamte Druckabfall auf mehrere Zahnköpfe verteilt.

Man kann sich zur Berechnung der Momente die Zahnräder 1 bzw. 2 durch das in Abb. 2 dargestellte Flächensystem ersetzt denken. F_1' und F_1'' sind mit der Welle des Rades 1, F_2' und F_2'' mit der Welle des Rades 2 fest verbunden und stehen unter dem Einflusse der Drücke p_D und p_0.

Unter Beachtung der Abb. 2 leitet sich aus Abb. 1 M_1 bzw. M_2 wie folgt ab, wenn unter B die Radbreite verstanden wird:

$$M_1 = (p_D - p_0)\, B \cdot \frac{r_1^2 - x^2}{2} \quad \ldots \quad (2)$$

$$M_2 = (p_D - p_0)\, B \cdot \frac{r_2^2 - y^2}{2} \quad \ldots \quad (3)$$

Setzt man für $p_D - p_0 = p$, so ergibt sich

$$M_1 = \frac{B\,p}{2} (r_1^2 - x^2) \quad \ldots \quad (2a)$$

$$M_2 = \frac{B\,p}{2} (r_2^2 - y^2) \quad \ldots \quad (3a)$$

Gl. (1) wird bei Einsetzen der Gl. (2a) und (3a)

$$d\,V p = \frac{B\,p}{2} \left[(r_1^2 - x^2)\, d\varphi_1 + (r_2^2 - y^2)\, d\varphi_2\right] \quad \ldots \quad (4)$$

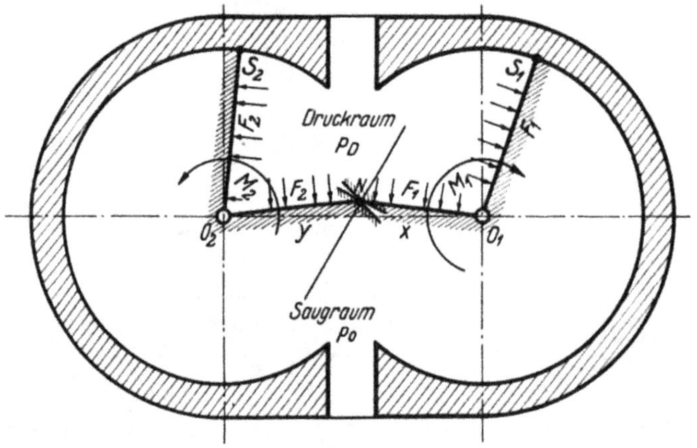

Abb. 2.

1. Ableitung der D. Thomaschen Formeln für Pumpen mit Evolventenstirnrädern.

A. Fördermenge.

Gl. (4) läßt sich wie folgt umwandeln:

$$d\varphi_1 = \omega_1\, dt \quad \ldots \quad (5)$$

$$d\varphi_2 = \omega_2\, dt = \frac{a}{b}\, \omega_1\, dt \quad \ldots \quad (6)$$

Hiermit wird:

$$d\,V p = \frac{B\,p}{2}\, \omega_1 \left[(r_1^2 - x^2) + (r_2^2 - y^2)\frac{a}{b}\right] dt \quad \ldots \quad (7)$$

$$= \frac{B\,p}{2}\, \omega_1\, dt \left[r_1^2 + \frac{a}{b} r_2^2 - x^2 - \frac{a}{b}\, y^2\right]$$

Um $x^2 + \frac{a}{b}\, y^2$ zu finden, ermittelt man nach Abb. 3

$$x^2 = (a - q)^2 + p^2 = a^2 - 2\,a\,q + q^2 + p^2 \quad \ldots \quad (8)$$

$$q^2 + p^2 = f_1^2 \quad \ldots \quad (9)$$

also

$$x^2 = a^2 - 2\,a\,q + f_1^2 \quad \ldots \quad (8a)$$

$$y^2 = (b+q)^2 + p^2 = b^2 + 2\,b\,q + f_1^2 \quad \ldots \ldots \ldots (10)$$

$$\frac{a}{b}\,y^2 = ab + 2\,a\,q + \frac{a}{b} f_1^2 \quad \ldots \ldots \ldots (10a)$$

Damit kommt

$$x^2 + \frac{a}{b}\,y^2 = a^2 + ab + f_1^2 \left(1 + \frac{a}{b}\right) \quad \ldots \ldots \ldots (11)$$

$r_1^2 + \frac{a}{b} r_2^2$ ermittelt sich unter Einführung der Teilkreise und der Zahnhöhen h_1 bzw. h_2 nach Abb. 3 zu

$$r_1^2 = (a + h_1)^2 = a^2 + 2\,a\,h_1 + h_1^2 \quad \ldots \ldots \ldots (12)$$

$$\frac{a}{b}\,r_2^2 = \frac{a}{b}(b^2 + 2\,b\,h_2 + h_2^2) = ab + 2\,a h_2 + \frac{a}{b} h_2^2 \quad \ldots \ldots (13)$$

also

$$r_1^2 + \frac{a}{b} r_2^2 = a^2 + ab + 2\,a\,(h_1 + h_2) + h_1^2 + \frac{a}{b} h_2^2 \quad \ldots \ldots (14)$$

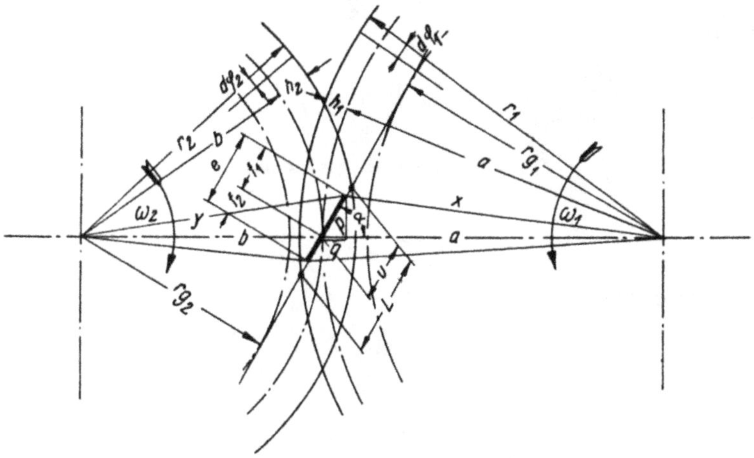

Abb. 3.

Unter Einführung von Gl. (11) und Gl. (14) wird Gl. (7) zu

$$dVp = \frac{B\,p}{2}\,\omega_1\,dt \left[2\,a\,(h_1 + h_2) + h_1^2 + \frac{a}{b} h_2^2 + \left(1 + \frac{a}{b}\right) f_1^2\right] \ldots \ldots (15)$$

$$= \frac{B\,p}{2}\,\omega_1\,dt \left[A + \left(1 + \frac{a}{b}\right) f_1^2\right]$$

Für Evolventenverzahnung ist die Geschwindigkeit des Eingriffspunktes auf der Eingriffslinie

$$\frac{df}{dt} = \omega_1\,r_{g_1} = \omega_2\,r_{g_2} \quad \ldots \ldots \ldots (16)$$

mithin

$$dt = \frac{df}{\omega_1\,r_{g_1}} = \frac{df}{\omega_2\,r_{g_2}} \quad \ldots \ldots \ldots (17)$$

Hiermit wird Gl. (15) zu

$$d\,Vp = \frac{B\,p}{2\,r_{g_1}} \left[A - \left(1 + \frac{a}{b}\right) f^2\right] df \quad \ldots \ldots \ldots (18)$$

und

$$Vp = \frac{B\,p}{2\,r_{g_1}} \left[A\,(f_1 - f_2) - \left(1 + \frac{a}{b}\right) \frac{f_1^3 - f_2^3}{3}\right] \ldots \ldots (19)$$

Gl. (19) zeigt Vp als $f(f)$. Zur Vermeidung eines Widerspruches mit der auf S. 1 Abs. 6 gemachten Annahme muß bei gleichzeitigem Eingriff mehrerer Zähne dafür gesorgt werden, daß jeweils nur eine wirksame Dichtungsstelle vorhanden ist. Alle andern als Dichtungsstellen möglichen Berührungslinien längs den in Eingriff befindlichen Zahnflanken müssen durch Verbindung der durch sie abgetrennten Räume mit dem Druck- bzw. Saugraum wirkungslos gemacht werden. Dies geschieht nach D. Thoma durch eine „Steuerung", wie sie an späterer Stelle beschrieben wird.

Die Forderung, daß in der Förderung bei der Ablösung des in Eingriff befindlichen und bei dem Wirksamwerden des nächstfolgenden Zähnepaares kein Sprung eintreten darf, bedingt, daß der Wirkungsbereich eines Zahnpaares auf der Eingriffslinie symmetrisch zum Schnittpunkt der Eingriffslinie mit der Zentralen liegt, d. h. daß $f_1 = -f_2$ ist.

Bezeichnet man die Teilung mit T, die auf die Eingriffslinie bezogene Teilung mit e, so muß sein:

$$f_1 - f_2 = T \sin \alpha = e \quad \ldots\ldots\ldots\ldots \quad (20)$$

$$f_1 = -f_2 = \frac{e}{2}.$$

Mithin wird Gl. (19) zu

$$V = \frac{B\,e}{2\,r_{g_1}}\left[2\,a\,(h_1 + h_2) + h_1^2 + \frac{a}{b}\,h_2^2 - \left(1 + \frac{a}{b}\right)\frac{e^2}{12}\right] \quad \ldots\ldots \quad (21)$$

Da

$$r_g = r \cdot \sin \alpha \text{ und } e = T \sin \alpha,$$

so ist

$$\frac{e}{r_g} = \frac{T}{r};$$

da ferner, wenn z die Zähnezahl bedeutet

$$T \cdot z = 2\,r\,\pi; \text{ also } T = \frac{2\,r\,\pi}{z}$$

ist, so ist

$$e = \frac{2\,r_{g_1}\pi}{z_1} = \frac{2\,r_{g_2}\pi}{z_2} \text{ und } \frac{e}{2\,r_{g_1}} = \frac{\pi}{z_1} \quad \ldots\ldots\ldots \quad (21\text{a})$$

Nach Einsetzen dieser Werte in Gl. (21) formt sich diese zu

$$V = \frac{B\,\pi}{z_1}\left[A - \left(1 + \frac{a}{b}\right)\frac{e^2}{12},\right] \quad \ldots\ldots\ldots\ldots \quad (22)$$

und es ist durch sie die Förderung für die Drehung um 1 Zahnteilung gegeben.

Für 1 Umlauf des Rades I errechnet sich die geförderte Menge zu V_u

$$V_u = V \cdot z_1 = B\,\pi\left[2\,a\,(h_1 + h_2) + h_1^2 + \frac{a}{b}\,h_2^2 - \left(1 + \frac{a}{b}\right)\frac{e^2}{12}\right] \quad \ldots\ldots \quad (23)$$

Für gleich große Räder nimmt diese Gleichung die Form an

$$V_{u\,\mathrm{gl\,R}} = 2\,B\,\pi\left(2\,a\,h + h^2 - \frac{e^2}{12}\right). \quad \ldots\ldots\ldots\ldots \quad (24)$$

Die mittlere sek. Fördermenge ergibt sich hieraus zu:

$$Q_m = \frac{B\,\omega_1}{2}\left[2\,a\,(h_1 + h_2) + h_1^2 + \frac{a}{b}\,h_2^2 - \left(1 + \frac{a}{b}\right)\frac{e^2}{12}\right] \quad \ldots\ldots \quad (25)$$

und für gleich große Räder zu

$$Q_{m\,\mathrm{gl}} = B\,\omega \cdot \left[2\,a\,h + h^2 - \frac{e^2}{12}\right] \quad \ldots\ldots\ldots\ldots \quad (26)$$

B. Pulsation-Förderschwankung.

Aus Gl. (15) und Gl. (16) erkennt man, daß $\frac{dV}{dt} = Q$ sich als Funktion von f, dem Abstande des Eingriffspunktes vom Schnittpunkte der Eingriffslinie mit der Zentralen ändert. Es wird Q ein Maximum für $f = 0$

$$Q_1 = Q_{\max} = \frac{B\,\omega_1}{2}\left[2\,a\,(h_1 + h_2) + h_1^2 + \frac{a}{b}\,h_2^2\right] \quad \ldots \ldots \quad (27)$$

Q wird ein Minimum für $f = \frac{e}{2}$

$$Q_2 = Q_{\min} = \frac{B\,\omega_1}{2}\left[2\,a\,(h_1 + h_2) + h_1^2 + \frac{a}{b}\,h_2^2 - \left(1 + \frac{a}{b}\right)\cdot\left(\frac{e}{2}\right)^2\right] \quad \ldots \quad (28)$$

Die Differenz beider Werte $Q_1 - Q_2 = R_{\max}$

$$Q_1 - Q_2 = R_{\max} = \frac{B\,\omega_1}{2}\left(1 + \frac{a}{b}\right)\left(\frac{e}{2}\right)^2 \quad \ldots \ldots \quad (29)$$

und für gleich große Räder

$$R_{\max_{gl}} = B\,\omega \cdot \left(\frac{e}{2}\right)^2 \quad \ldots \ldots \quad (30)$$

Allgemein ist

$$Q_1 - Q = \frac{B\,\omega_1}{2}\left(1 + \frac{a}{b}\right) f^2 \quad \ldots \ldots \quad (31)$$

Nach Gl. (15) ist $\frac{dV}{dt} = Q$;

$$Q = \frac{B\,\omega_1}{2}\left[A - \left(1 + \frac{a}{b}\right) f^2\right];$$

aus Gl. (16) bestimmt sich $df = \omega_1\, r_{g_1}\, dt$ und mithin, wenn man t vom Augenblick des Durchganges des Eingriffspunktes durch die Zentrale rechnet,

$$f = \omega_1\, r_{g_1}\, t; \qquad t = \frac{f}{\omega_1\, r_{g_1}}.$$

Nach Einsetzen dieses Wertes in Gl. (16) und Differenzieren nach t wird

$$\frac{dQ}{dt} = \pm\, B\,\omega_1 \left(1 + \frac{a}{b}\right) \omega_1^2\, r_{g_1}^2\, t$$

$$= \pm\, B\,\omega_1^2 \left(1 + \frac{a}{b}\right) r_{g_1} \cdot f \quad \ldots \ldots \quad (32)$$

= der sekundlichen Veränderung der Pulsation.

$\frac{dQ}{dt}$ wird am größten für $f = \frac{e}{2}$ und erreicht den Wert

$$\frac{dQ}{dt_{\max}} = \pm\, B\,\omega_1^2 \left(1 + \frac{a}{b}\right) r_{g_1} \cdot \frac{e}{2} \quad \ldots \ldots \quad (33)$$

für gleich große Räder wird

$$\frac{dQ}{dt_{\max}} = \pm\, B\,\omega_1^2\, r_g \cdot e \quad \ldots \ldots \quad (34)$$

Durch diese Veränderung von Q entstehen zusätzliche Beanspruchungen in den Rohrleitungen, die infolge des Vorzeichenwechsels im Augenblick des Wirksamwerdens des nachfolgenden Zahnes am größten werden.

Setzt man $Q_{\max} - Q_{\min}$ ins Verhältnis zu $Q_{\max}$, so ergibt sich bei gleichen Rädern:

$$\sigma = \frac{Q_{\max} - Q_{\min}}{Q_{\max}} = \frac{B\,\omega_1\, e^2/_4}{B\,\omega_1\,(2\,a\,h + h^2)} = \frac{e^2}{4\,(2\,a\,h + h^2)}.$$

Unter Einführung der Beziehungen:

$$h = \text{Teilungsmodul} = m,$$
$$2a = z \cdot m,$$
$$e = T \sin \alpha = m \cdot \pi \cdot \sin \alpha,$$

die für Räder mit normalen Kopfhöhen gelten, formt sich obiger Ausdruck um in:

$$\sigma = \frac{\pi^2 \cdot \sin^2 \alpha}{4z + 4} \quad \text{(35)}$$

Man erkennt, daß σ mit kleiner werdendem ∢ der Eingriffslinie gegen die Zentrale und mit zunehmender Zähnezahl sich vermindert. So wird für eine Pumpe mit Rädern mit 10 Zähnen und einem $\alpha = 65^0$, $\sigma = 18{,}5\%$ von Q_{max}, während es für eine Pumpe, deren Räder 25 Zähne bei $\alpha = 75^0$ haben, nur mehr $= 8{,}8\%$ von Q_{max} erreicht.

Aus diesem Grunde wird man schnellaufende Pumpen, wie sie für höhere Drücke verwendet werden müssen, mit möglichst großer Zähnezahl bei kleiner Teilung ausführen. Für größere Fördermengen werden Mehrräderpumpen notwendig, bei denen man nach D. Thoma zweckmäßigerweise das mittlere, zur Erreichung entsprechender Dichtungsstellen am Radumfang, größere Rad mit ungerader Zähnezahl ausführt. Hierdurch erreicht man z. B. bei 3 Räderpumpen bei Anschluß beider Druckräume an 1 Druckleitung in dieser ein gegenseitiges Überdecken der Förderschwankung und bei Verdoppelung der Schwingungszahl eine Herabsetzung der resultierenden Pulsation auf ¼ der ursprünglichen.

C. Quetschflüssigkeit.

Sobald zwei Eingriffspunkte auf der Eingriffslinie erscheinen, ist die früher gestellte Bedingung nur eines wirksamen Eingriffes nicht mehr erfüllt. Es wird alsdann zwischen den Eingriffspunkten sich ein allseitig geschlossener Raum bilden, in dem sich Förderflüssigkeit befindet. Während des Weiterschreitens der Eingriffspunkte auf der Eingriffslinie wird infolge der Relativbewegung der Räder gegeneinander das Volumen des genannten Raumes verändert. Zur Vermeidung einer Druckerhöhung oder Vakuumbildung in diesem Raume ist der Flüssigkeit durch die bereits erwähnte Steuerung hinreichend Abfluß- bzw. Zuflußmöglichkeit zu schaffen. In Mittelstellung, d. h. wenn die Zentrale die Eingriffsstrecke e halbiert, ist das Volumen des abgeschlossenen Raumes ein Minimum geworden.

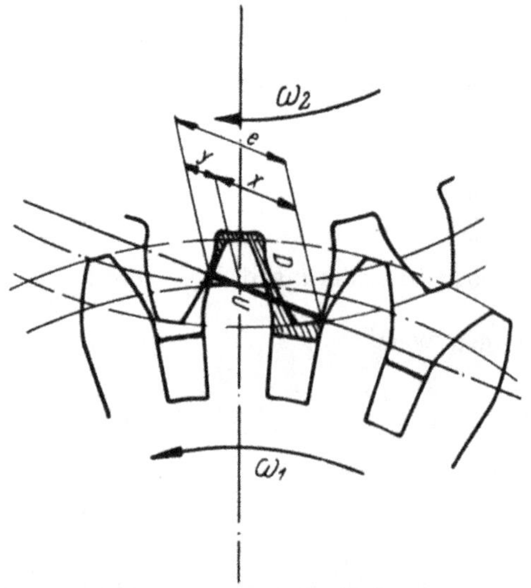

Abb. 4.

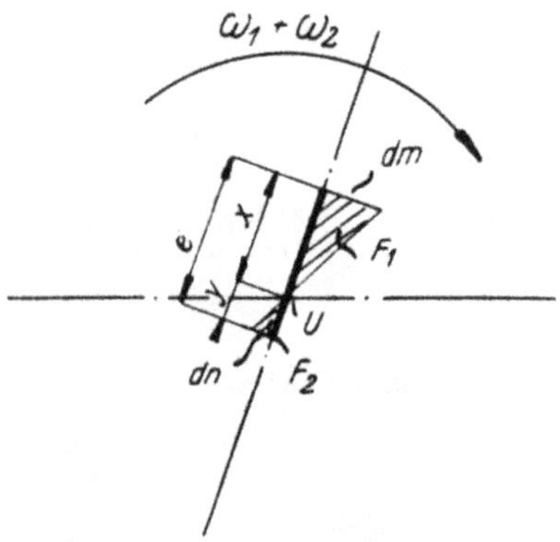

Abb. 5.

Das Volumen der in dem genannten Raume nach erfolgtem Zahneingriff eingeschlossenen und im weiteren Verlaufe durch den Steuerungskanal ausgequetschten Flüssigkeit, ist abhängig vom Eingriffsverhältnis τ der Zahnräder. Für $\tau = 1$ wird V' theoretisch zu 0, da die Ablösung des wirksamen Zahnes durch den nachfolgenden im Augenblick des Erscheinens desselben auf der Eingriffslinie erfolgt. Praktisch ist nach Beendigung des Eingriffes der Abstand zwischen den Flanken zunächst so klein, daß nur sehr wenig Flüssigkeit durchfließen kann. Es wäre also auch in diesem Falle die bereits erwähnte Steuerung vonnöten.

Die Bestimmung der sekundlichen Quetschflüssigkeitsmenge $\frac{dV'}{dt} = Q'$ erfolgt nach anschließender Überlegung.

Die Ursache der Veränderung des Volumens des zwischen zwei in Eingriff befindlichen Zahnflankenpaaren eingeschlossenen Raumes liegt in der Relativbewegung der Räder gegeneinander, die in einer Drehung mit der Winkelgeschwindigkeit $\omega_1 + \omega_2$ um Punkt U (Abb. 4) besteht. Denkt man sich in Abb. 4 das linke Rad festgehalten, so muß sich das rechte Rad zur Herstellung gleicher Verhältnisse mit der Winkelgeschwindigkeit $\omega_1 + \omega_2$ um den Punkt U drehen.

Die von der auf die Eingriffsstrecke bezogene Teilung e als Folge dieser Relativbewegung bestrichene Fläche, die die Volumenänderung bedingt, ist gegeben durch die Differenz der in Abb. 5 dargestellten Teilflächen F_1 und F_2

$$dF = F_1 - F_2 \qquad (36)$$

$$= \frac{x\,dm}{2} - \frac{y\,dn}{2}.$$

Aus Abb. 5 ergibt sich

$$dm = x\,(\omega_1 + \omega_2)\,dt \qquad (37)$$

und

$$dn = y\,(\omega_1 + \omega_2)\,dt \qquad (38)$$

mithin

$$Q' = B \cdot \frac{\omega_1 + \omega_2}{2}\,(x^2 - y^2) \qquad (39)$$

Man erkennt aus Abb. 4, daß der abgeschlossene Raum durch die Engstelle bei D in zwei Teile zerlegt wird. Von diesen wird sich der in der Abbildung unten liegende zunächst in seinem Volumen wenig ändern und dann mit größer werdendem y sich vergrößern, während der oben liegende mit kleiner werdendem x dauernd abnehmen wird. Man erkennt also, daß in dem genannten Raume selbst eine Strömung entstehen will. Dieser muß zur Vermeidung kinematischer Widersprüche Ausbildungsmöglichkeit geschaffen werden. Dies geschieht zweckmäßig dadurch, daß die Verzahnung mit Spiel ausgeführt wird. Sollte bei geschliffenen Zähnen spielfreie Verzahnung vorgezogen werden, so sind an den nichttragenden Zahnflanken entsprechende Ausnehmungen vorzusehen. Die Größe des Durchgangsquerschnittes ist bedingt durch das größte durch die Engstelle hindurchfließende sek. Volumen, das sich für nicht zu ungleiche Zähne hinreichend genau, ähnlich Gl. (39), ableitet zu

$$Q'' = B \cdot \frac{\omega_1 + \omega_2}{2} \cdot \left(\frac{e}{2}\right)^2 \qquad (40)$$

Die Gl. (39) kann bei Einführung der Bezeichnungen der Abb. 3 wie folgt umgeformt werden. Es ist $x = f_1$; $y = f_2 = e - f_1$; also

$$Q' = B\,\frac{\omega_1 + \omega_2}{2}\,(x^2 - y^2)$$

$$= B\,\frac{\omega_1 + \omega^2}{2}\,(2\,e\,f_1 - e^2)$$

und

$$Q'_{max} = B\,\frac{\omega_1 + \omega_2}{2}\,(2\,e\,u - e^2) \qquad (41)$$

Für gleich große Räder bestimmt sich nach Abb. 3 das Eingriffsverhältnis der Verzahnung zu

$$\tau = \frac{L}{e} = \frac{2u}{e},$$

und es wird

$$Q'_{\max} = B\omega e^2 (\tau - 1) \quad \text{(42)}$$

Nach Gl. (17) ist

$$dt = \frac{df}{\omega_1 r_{g_1}},$$

und hiermit wird die umgeformte Gl. (39)

$$dV' = \frac{B \cdot e}{2 r_{g_1}} \left(1 + \frac{a}{b}\right)(2f - e)\, df \quad \text{(43)}$$

Versteht man unter dem „Inhalte" des abgeschlossenen Raumes die ausquetschbare Flüssigkeitsmenge, so errechnet sich derselbe für irgendeine durch den Abstand f_1 des Eingriffspunktes vom Schnittpunkt der Eingriffslinie mit der Zentralen beschriebene Lage der Räder zueinander zu:

$$\int dV' = \frac{Be}{2 r_{g_1}} \cdot \left(1 + \frac{a}{b}\right) \int_{f = e/2}^{f = f_1} (2f - e)\, df$$

$$= \frac{Be}{2 r_{g_1}} \cdot \left(1 + \frac{a}{b}\right) \left[f_1^2 - e f_1 - \left(\frac{e}{2}\right)^2 + \frac{e^2}{2}\right] + C.$$

Nach der Definition wird $C = 0$ und

$$V' = \frac{Be}{2 r_{g_1}} \left(1 + \frac{a}{b}\right) \left(f_1 - \frac{e}{2}\right)^2 \quad \text{(44)}$$

Die Grenzbedingungen ergeben sich aus der im ersten Abschnitt dieses Kapitels angestellten Überlegung, daß für $f = e/2$, d. h. für Mittelstellung das Volumen des abgeschlossenen Raumes ein Minimum wird. Ein Maximum wird dieses Volumen unmittelbar nach dem Erscheinen eines neuen Eingriffspunktes auf der Eingriffslinie. Nach Abb. 3 wird dann $f_1 = u$ und

$$V'_{\max} = \frac{B \cdot e}{2 r_{g_1}} \left(1 + \frac{a}{b}\right) \left(u - \frac{e}{2}\right)^2 \quad \text{(45)}$$

und bei Einführung der Beziehung der Gl. (21 a)

$$V'_{\max} = \frac{B\pi}{z_1} \left(1 + \frac{a}{b}\right) \left(u - \frac{e}{2}\right)^2 \quad \text{(46)}$$

Hierin ist u aus der Zeichnung zu bestimmen oder zu errechnen nach Abb. 3 zu

$$u = -b \cos \alpha + \sqrt{r_2^2 - r_{g_2}^2} \quad \text{(47)}$$

$$r_{g_2} = a \cos \alpha.$$

Für gleich große Räder wird unter Berücksichtigung der Beziehung $\tau = \frac{2u}{e}$

$$V'_{\substack{\max \\ \text{gl R}}} = \frac{B e^3}{4 r_{g_1}} (\tau - 1)^2 \quad \text{(48)}$$

oder

$$V'_{\substack{\max \\ \text{gl R}}} = \frac{B\pi \cdot e^2}{2z} (\tau - 1)^2 \quad \text{(49)}$$

Zur Erleichterung des Gebrauches dieser Formel wurde für gleich große Räder mit normalen Kopfhöhen ein Ausdruck für das Eingriffsverhältnis τ abgeleitet und in Abb. 6 in Kurvenform dargestellt. Gleichzeitig wurde in dieser Abbildung die für die eingeschriebenen Eingriffswinkel zulässigen kleinsten Zähnezahlen eingetragen.

Zur Sicherstellung der richtigen Ablösung eines in Wirksamkeit befindlichen Zähnepaares durch das nächstfolgende ist die schon mehrfach erwähnte, von Prof. Dr. D. Thoma angegebene Steuerung anzubringen. Sie besteht aus im Pumpengehäuse und im Pumpendeckel in besonderer

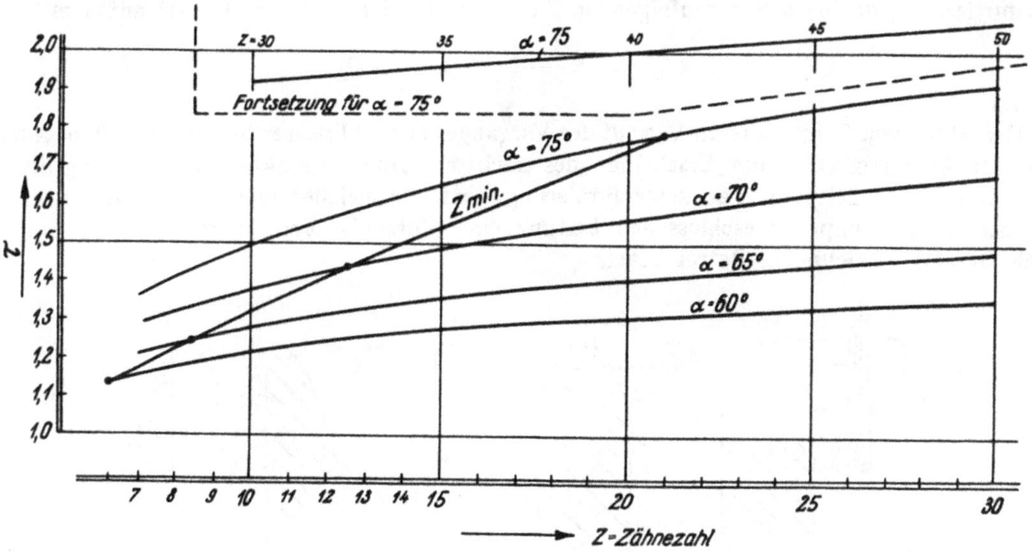

Abb. 6.

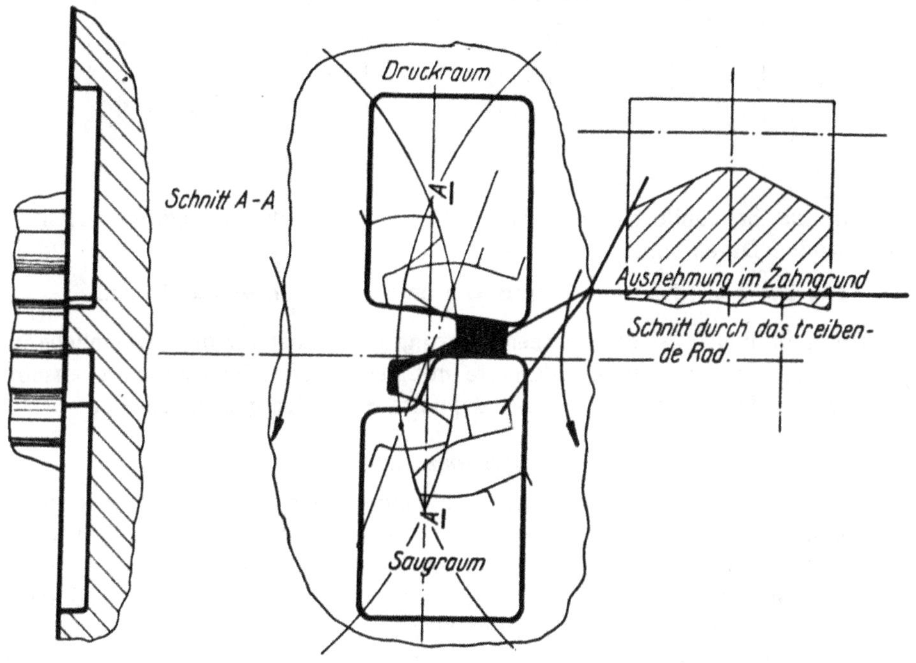

Abb. 7.

Veise angebrachten Nuten. Diese sind, wie Abb. 7 zeigt, aus dem freien Druckraum, der Pumpe, bzw. aus deren freiem Saugraum, so weit an die Zentrale heranzuführen, daß durch den ablösenden Zahn der Abfluß aus dem Quetschflüssigkeitsraum in den Druckraum im Augenbick der Mittelstellung versperrt und der Zufluß in denselben vom Saugraum her kurz nachher emöglicht wird.

Man kann die Quetschflüssigkeit jedoch, statt sie in den Druckraum abfließen zu lassen, zu beliebiger anderer Verwendung aus dem abgeschlossenen Raum abzapfen, da dessen Wirkung dem einer besonderen Pumpe gleichkommt. Es fällt dann die vorerwähnte Nut fort. Die Förderung in der an den Quetschflüssigkeitsraum angeschlossenen Leitung ist eine stoßweise und intermittierende, da bei jedem neufolgenden Zahne die Förderung nach Gl. (41) mit dem Werte

$$Q'_{\max} = B \frac{\omega_1 + \omega_2}{2} (2\,eu - e^2) \quad \text{. . . . . (41)}$$

einsetzt.

Der Abfall von Q' im weiteren Verlauf des Vorganges erfolgt linearer bis auf $Q' = 0$ im Augenblick der Ablösung. Bis zum Erscheinen des nächsten Eingriffspunktes auf der Eingriffslinie findet von diesem Zeitpunkte ab keine Förderung statt. In gleicher Weise findet in der an den Druckraum der Pumpe angeschlossenen Leitung eine plötzliche Verminderung von Q um den durch Gl. (41) bezeichneten Betrag statt.

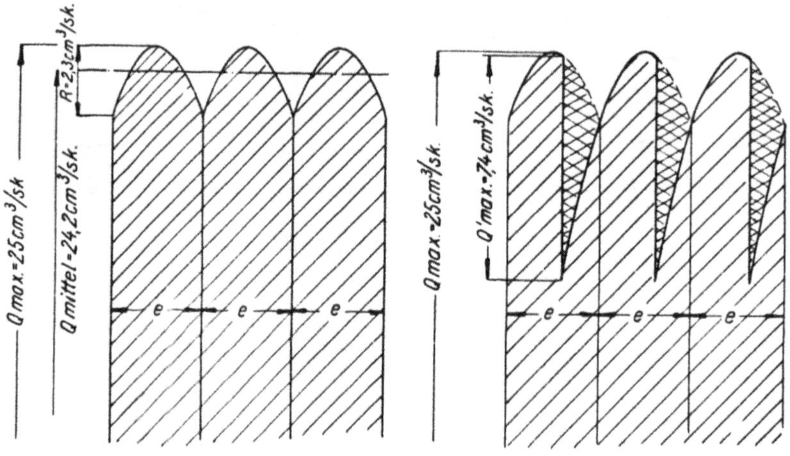

Abb. 8.

In Abb. 8 ist das Schaubild der Förderung für einige Zahndurchgänge dargestellt. Die die Pumpe bezeichnenden Daten sind:

$$z = 24;\ t = 10\,\pi;\ \alpha = 75^0;\ B = 1\ \text{cm};\ \omega = 1;\ a = b = 12\ \text{cm}.$$

Auf der linken Bildhälfte ist die Pumpenförderung gezeichnet für die gewöhnliche in Abb. 7 skizzierte Steuerung, auf der rechten Bildhälfte mit gesonderter Quetschflüssigkeitsabführung. Die abgesonderte Flüssigkeitsmenge ist durch doppelte Schraffur gekennzeichnet.

D. Lagerbelastung.

Bei der Festlegung der Lagerabmessungen von Zahnradpumpen muß man von der eingangs getroffenen Annahme, daß beide Räder angetrieben werden, absehen und beachten, daß auf den Rädern außer dem statischen Flüssigkeitsdrucke der Zahndruck lastet.

Der Flüssigkeitsdruck wirkt auf den im Druckraum liegenden Teil des Radumfanges als gleichmäßige Last. Längs des vom Gehäuse umschlossenen Teiles des Umfanges kann der Druck als linear abfallend angesehen werden. Es entsteht so ein Belastungsbild, wie es in Abb. 9 angedeutet ist.

Allgemein wird die Resultierende des statischen Flüssigkeitsdruckes irgendwie gegen die Zentrale geneigt sein. Sie ist zu berechnen aus den Komponenten in Richtung der Zentralen und in Richtung senkrecht zur Zentralen.

Der Ansatz zur Berechnung der Komponente in Richtung der Zentralen lautet allgemein

$$K_1 = B \int p_1 \cos\varphi \, d\varphi \quad \text{. . . . . (50)}$$

Zur Berechnung der Komponente senkrecht zur Zentralen

$$K_2 = B \int p_1 \sin \varphi \, d\varphi, \qquad (51)$$

wobei für p_1 jeweils die Funktion der Druckverteilung einzusetzen ist.

Für den Fall, daß der vom Gehäuse umschlossene Teil des Umfanges symmetrisch zur Zentralen liegt (wie in Abb. 9 gezeichnet), wird K_1 zu 0. Die Summe der statischen Drücke p_1 ober- und unterhalb der Zentralen für gleiche Winkelabstände von derselben (z. B. vom Punkte U in Abb. 9 aus gemessen) ist dann (entsprechend der gemachten Annahme linearen Druckabfalles) stets gleich p. Somit gleicht dieser Belastungsfall, bezogen auf die Kraftwirkung in Richtung der Zentralen, dem einer gleichmäßig über den über- oder unterhalb der Zentralen liegenden Halbkreis verteilten Belastung. Es ist aber einleuchtend, daß hierfür die Komponente in Richtung der Zentralen zu 0 wird.

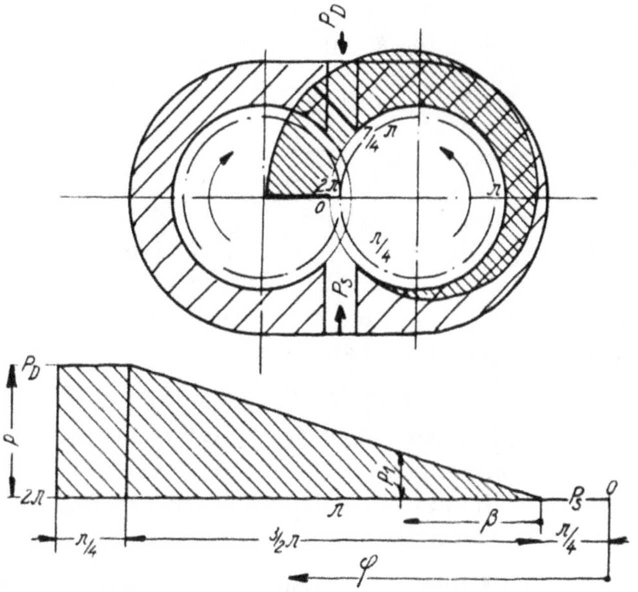

Abb. 9.

Unter Einrechnung des Zahndruckes weicht die resultierende Lagerbelastung stets etwas von der Senkrechten zur Zentralen ab, jedoch ist diese Abweichung so gering, daß sie für die Lagerkonstruktion und die Anbringung der Schmiernuten unberücksichtigt bleiben kann.

Im nachstehenden werde die Berechnung der durch den statischen Flüssigkeitsdruck entstehenden Lagerbelastung für das in Abb. 9 dargestellte Beispiel durchgeführt. Es ist dabei angenommen, daß je $^1/_8$ des Radumfanges sich im Druck- bzw. Saugraum befinde. Der Übersichtlichkeit halber werde K_2 in zwei Teile P_1 und P_2 zerlegt. Mit P_1 sei der Beitrag zur Lagerbelastung verstanden, der von dem im Druckraum unter konstantem Drucke p liegenden Umfangsteile herrührt, während P_2 den Beitrag des vom Gehäuse umschlossenen, unter linear abfallendem Drucke stehenden Umfangsteiles bezeichnen soll.

Die Lagerbelastung ist offenbar nur von der Differenz der Drücke im Druckraum und im Saugraum abhängig, also von $P_D - P_S = p$. Dabei darf der Einfachheit halber $P_S = 0$ gesetzt werden.

Es wird dann

$$P_1 = Bp \int_{\varphi = {}^7/_4 \pi}^{\varphi = 2\pi} \sin \varphi \, d\varphi = - Bp \cos \varphi \Big|_{\varphi = {}^7/_4 \pi}^{\varphi = 2\pi} = Bp \left(\frac{d_K}{2} - \frac{d_K}{4} \sqrt{2} \right) \qquad (52)$$

wenn unter d_K der Kopfkreisdurchmesser des Rades verstanden wird.

$$P_2 = B \int_{\varphi = {}^1/_4 \pi}^{\varphi = {}^7/_4 \pi} p_1 \sin \varphi \, d\varphi \quad \ldots \ldots \quad (53)$$

$$p_1 = \frac{2 \beta p}{3 \pi}$$

$$P_2 = B \frac{2 p}{3 \pi} \int_{\beta = 0}^{\beta = {}^3/_2 \pi} \beta \sin \beta \, d\beta = B \frac{2 p}{3 \pi} \Big[- \beta \cos \beta + \sin \beta \Big]_{\beta = 0}^{\beta = {}^3/_2 \pi}$$

nach Abb. 9 ist

$$\cos \beta \text{ für } \beta = {}^3/_2 \pi = - \frac{d_K}{4} \sqrt{2}$$

$$\sin \beta \text{ für } \beta = {}^3/_2 \pi = \frac{d_K}{4} \sqrt{2}$$

$$\sin \beta \text{ für } \beta = 0 \quad = - \frac{d_K}{4} \sqrt{2}.$$

Es wird also

$$P_2 = B p \left[\frac{d_K}{4} \sqrt{2} + \frac{d_K \sqrt{2}}{3 \pi} \right]$$

und

$$K_2 = P_1 + P_2 = B p \left[\frac{d_K}{2} + \frac{d_K \sqrt{2}}{3 \pi} \right] = 0{,}65 \, B p \, d_K \quad \ldots \ldots \quad (54)$$

Unter Einrechnung des Zahndruckes kann daher der Achsdruck für von obigen Annahmen nicht zu entfernte Verhältnisse kurz abgeschätzt werden zu

$$P_L = 0{,}7 \, B p \, d_K \quad \ldots \ldots \quad (55)$$

Infolge der bei größeren Gegendrücken und Fördermengen rasch anwachsenden Achsdrücke wird man der Ausbildung der Lager besondere Aufmerksamkeit schenken und den meist ungünstigen Wärmeableitungsverhältnissen durch geeignete Kühlung Rechnung tragen müssen.

2. Ableitung der Formeln für Pumpen mit Innenverzahnung.

Wie aus Patentschriften hervorgeht, werden in manchen Fällen Zahnradpumpen mit Innenverzahnung ausgeführt. Nachstehend werden die entsprechenden Formeln für Fördermenge, Pulsation und Quetschflüssigkeit abgeleitet.

A. Fördermenge.

Analog Gl. (4) schreibt sich nach Abb. 10 die Gleichung für die Fördermenge, da

$$M_1 = \frac{B p}{2} (r_1^2 - x^2) \quad \ldots \ldots \quad (56)$$

und

$$M_2 = \frac{B p}{2} (y^2 - r_2^2) \quad \ldots \ldots \quad (57)$$

ist, zu

$$d V p = \frac{B p}{2} \left[(r_1^2 - x^2) \, d\varphi_1 + (y^2 - r_2^2) \, d\varphi_2 \right] \quad \ldots \ldots \quad (58)$$

nach Gl. (5) und (6) ist $d\varphi_1 = \omega_1 dt$; $d\varphi_2 = \frac{a}{b} \omega_1 \, dt$, also

$$d V p = \frac{B p}{2} \omega_1 \, dt \left[r_1^2 - \frac{a}{b} r_2^2 - x^2 + \frac{a}{b} y^2 \right] \quad \ldots \ldots \quad (59)$$

nach Abb. 10 ist

$$r_1^2 = (a + h_1)^2 = a^2 + 2\,a\,h_1 + h_1^2 \quad \ldots\ldots\ldots \quad (60)$$

und

$$\frac{a}{b} r_2^2 = ab - 2\,a\,h_2 + \frac{a}{b} h_2^2, \text{ da } r_2 = b - h_2 \quad \ldots\ldots\ldots \quad (61)$$

ist. Weiterhin ist

$$x^2 = (a - q)^2 + p^2 = a^2 - 2\,a\,q + q^2 + p^2 = a^2 - 2\,a\,q + f^2. \quad \ldots\ldots \quad (62)$$

und

$$y^2 = (b - q)^2 + p^2 = b^2 - 2\,b\,q + f^2 \quad \ldots\ldots\ldots \quad (63)$$

$$\frac{a}{b} y^2 = ab - 2\,a\,q + \frac{a}{b} f^2 \quad \ldots\ldots\ldots \quad (64)$$

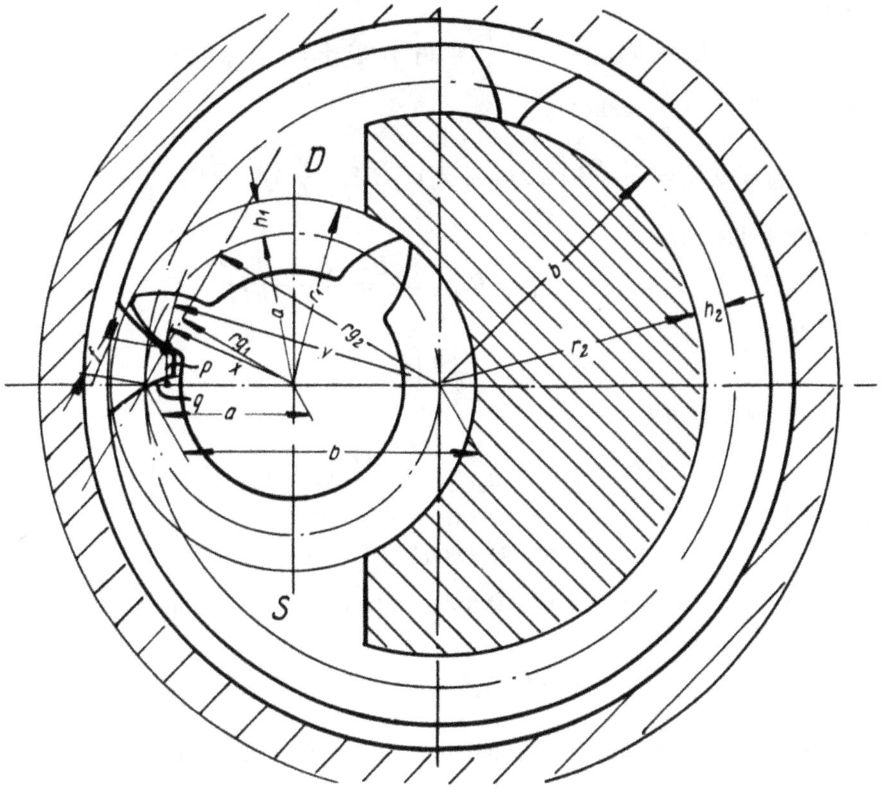

Abb. 10.

mithin wird Gl. (59)

$$d\,V p = \frac{B\,p}{2} \omega_1\,dt \left[2\,a\,(h_1 + h_2) + h_1^2 - \frac{a}{b} h_2^2 - \left(1 - \frac{a}{b}\right) f^2\right] \quad \ldots\ldots \quad (65)$$

und unter Einführung der Gl. (17)

$$d\,V p = \frac{B\,p}{2\,r_{g1}} \left[A - \left(1 - \frac{a}{b}\right) f^2\right] df \quad \ldots\ldots\ldots \quad (66)$$

und

$$V p = \frac{B\,p}{2\,r_{g1}} \left[A\,(f_1 - f_2) - \left(1 - \frac{a}{b}\right) \frac{f_1^3 - f_2^3}{3}\right] \quad \ldots\ldots \quad (67)$$

Nach den Überlegungen der S. 4 wird V die Fördermenge für den wirksamen Bereich eines Zahnpaares

$$V = \frac{B\,\pi}{z_1} \left[2\,a\,(h_1 + h_2) + h_1^2 - \frac{a}{b} h_2^2 - \left(1 - \frac{a}{b}\right) \frac{e^2}{12}\right] \quad \ldots\ldots \quad (68)$$

Die Förderung für 1. Umlauf des Rades *I* wird dann

$$V_u = B\pi\left[2a(h_1+h_2)+h_1^2-\frac{a}{b}h_2^2-\left(1-\frac{a}{b}\right)\frac{e^2}{12}\right] \quad \ldots \ldots (69)$$

und die mittlere sek. Fördermenge $= Q_m$

$$Q_m = \frac{B\omega_1}{2}\left[2a(h_1+h_2)+h_1^2-\frac{a}{b}h_2^2-\left(1-\frac{a}{b}\right)\frac{e^2}{12}\right] \quad \ldots \ldots (70)$$

B. Pulsation.

Nach Gl. (65) wird $\frac{dV}{dt} = Q$ ein Maximum für $f = 0$, d. h. wenn der Eingriffspunkt auf der Zentralen liegt.

$$Q_1 = Q_{\max} = \frac{B\omega_1}{2}\left[2a(h_1+h_2)+h_1^2-\frac{a}{b}h_2^2\right] \quad \ldots \ldots (71)$$

und ein Minimum für $f = \frac{e}{2}$, daher

$$Q_2 = Q_{\min} = \frac{B\cdot\omega_1}{2}\left[2a(h_1+h_2)+h_1^2-\frac{a}{b}h_2^2-\left(1-\frac{a}{b}\right)\frac{e^2}{4}\right] \quad \ldots \ldots (72)$$

Die Differenz beider Werte

$$Q_{\max}-Q_{\min} = R_{\max} = \frac{B\omega_1}{2}\left(1-\frac{a}{b}\right)\frac{e^2}{4} \quad \ldots \ldots (73)$$

Allgemein ist

$$Q_1 - Q = \frac{B\omega_1}{2}\left(1-\frac{a}{b}\right)f^2 \quad \ldots \ldots (74)$$

Nach Gl. (65) ist Q gleich

$$Q = \frac{B\omega_1}{2}\left[2a(h_1+h_2)+h_1^2-\frac{a}{b}h_2^2-\left(1-\frac{a}{b}\right)f^2\right]$$

nach Gl. (16)

$$df = \omega_1 r_{g_1}\,dt$$

und mithin, wenn t vom Augenblick des Durchganges des Eingriffspunktes durch die Zentrale an gerechnet wird

$$f = \omega_1 r_{g_1} t; \quad t = \frac{f}{\omega_1 r_{g_1}}.$$

Nach Einsetzen dieses Wertes in Gl. (65) und Differenzieren nach t wird

$$\frac{dQ}{dt} = \pm\frac{B\omega_1}{2}\left(1-\frac{a}{b}\right)2\,\omega_1^2 r_{g_1}^2\, t;$$

$$= \pm B\omega_1\left(1-\frac{a}{b}\right)r_{g_1} f \quad \ldots \ldots (75)$$

= der sekundlichen Veränderung der Pulsation.

$$\frac{dQ}{dt_{\max}} = \pm B\omega_1\left(1-\frac{a}{b}\right)r_{g_1}\cdot\frac{e}{2}.$$

C. Quetschflüssigkeit.

Die sek. Quetschflüssigkeitsmenge errechnet sich unter Berücksichtigung des Umstandes, daß die Relativbewegung der Räder gegeneinander in einer Drehung mit der Winkelgeschwindigkeit $\omega_1 - \omega_2$ besteht, analog den Ausführungen auf S. 7 zu

$$Q' = B\frac{\omega_1-\omega_2}{2}(x^2-y^2) \quad \ldots \ldots (76)$$

Nach Einführung der Gl. (17) wird

$$d V' = \frac{B e}{2 r_{g_1}} \left(1 - \frac{a}{b}\right) (2 f - e) \, d f \quad \ldots \ldots \ldots \ldots (77)$$

und V', die zwischen zwei in Eingriff befindlichen Zahnflanken eingeschlossene, ausquetschbare Flüssigkeitsmenge,

$$V' = \frac{B \cdot e}{2 r_{g_1}} \left(1 - \frac{a}{b}\right) \left(f_1 - \frac{e}{2}\right)^2 \quad \ldots \ldots \ldots \ldots (78)$$

V'_{max} wird analog Gl. (45)

$$V'_{max} = \frac{B e}{2 r_{g_1}} \left(1 - \frac{a}{b}\right) \left(u - \frac{e}{2}\right)^2 \quad \ldots \ldots \ldots \ldots (79)$$

oder

$$V'_{max} = \frac{B \pi}{z_1} \left(1 - \frac{a}{b}\right) \left(u - \frac{e}{2}\right)^2 . \quad \ldots \ldots \ldots \ldots (80)$$

Die größte durch die Engstelle des Quetschflüssigkeitsraumes strömende Flüssigkeitsmenge bestimmt sich analog Gl. (40) zu

$$Q'' = B \frac{\omega_1 - \omega_2}{2} \left(\frac{e}{2}\right)^2 \quad \ldots \ldots \ldots \ldots (81)$$

Eine Entnahme der Quetschflüssigkeit direkt aus dem abgeschlossenen Raume ist bei Pumpen mit Innenverzahnung ebenso möglich, wie bei solchen mit Außenverzahnung. Es ergeben sich hierbei die analogen Erscheinungen, wie sie im vorhergehenden für Stirnräderpumpen beschrieben wurden. — Zu erwähnen bleibt, daß die Förderschwankung, ebenso wie die Quetschflüssigkeitsmenge, infolge der Verschiedenheit der relativen Winkelgeschwindigkeit der Räder gegeneinander für innenverzahnte Pumpen kleiner ist als für außenverzahnte. Die Kennzeichnung erfolgt bei sonst gleichen Verhältnissen durch die Faktoren $\left(1 + \frac{a}{b}\right)$ und $\left(1 - \frac{a}{b}\right)$.

D. Lagerbelastung.

Wegen des für das Außenrad sehr groß werdenden Reibungshalbkreises und des dadurch bedingten schlechten mechanischen Wirkungsgrades sind innenverzahnte Pumpen nur für geringe Förderdrücke einigermaßen wirtschaftlich. In diesen Fällen werden die Achsdrücke nicht von wesentlicher Größe. Infolge der mit wachsendem Innendurchmesser sich bedeutend ändernden Belastungsverhältnisse ist die Aufstellung einer für einen weiteren Bereich geltenden Formel nicht möglich, jedoch kann bei gegebenen Verhältnissen der Lagerdruck nach dem an früherer Stelle beschriebenen Ansatze errechnet werden.

3. Bericht über Versuche an einer Zahnradpumpe.

Aus Anlaß der Konstruktion eines Durchflußreglers System D. Thoma von 13000 mkg Arbeitsvermögen bei 2½ Sek. Schlußzeit wurden bei der Fritz Neumeyer A.-G. in München, die diesen Regler in siebenfacher Ausführung zu den gleichfalls von ihr gebauten sieben 13000 PS-Vertikalturbinen für die Mittlere Isar-A.-G. lieferte, umfangreiche Versuche an einer maßstäblich verkleinerten Zahnradreglerpumpe vorgenommen, über deren hauptsächlichste Ergebnisse ich dank dem Entgegenkommen der Firma nachstehend berichten kann.

Die Versuchsanordnung ist in Abb. 11 skizziert. Sie bestand aus einer in Kugellagern *a* und *b* gelagerten Pumpe *c*, an der unmittelbar die Wagarme *d* und *e*, für Wagschale und Ausgleichgewicht, befestigt waren. Der Antrieb erfolgte durch einen beliebig regelbaren Gleichstrommotor, dessen Umlaufszahl jeweils mit Tachometer gemessen wurde. Am Druckraum der Pumpe war ein mit Dämpfung versehenes Manometer *f* angeschlossen. Der Ölstrom gelangte von der Pumpe durch das Sicherheitsventil g zum Drosselventil h und von dort in den Sammelbehälter i. Von hier floß das Öl durch Meßdüsen, von deren einer es mit der Schwenkrinne k in das Meßgefäß l abgeleitet werden konnte, in den Saugtank m zurück. Zur Regelung der Öltemperatur war im Saugtank eine Kühl- und Heizvorrichtung eingebaut. Besondere Sorgfalt mußte auf Erzielung eines ruhigen Oberflächenspiegels über den Düsen im Sammelbehälter gerichtet werden, um einen gleichmäßigen Abfluß durch dieselben zu erreichen.

Bei den Versuchen wurde die eingeführte Leistung aus dem durch Abwägen ermittelten Drehmomente und der Drehzahl, die abgegebene aus der geförderten Ölmenge und dem Gegendruck errechnet.

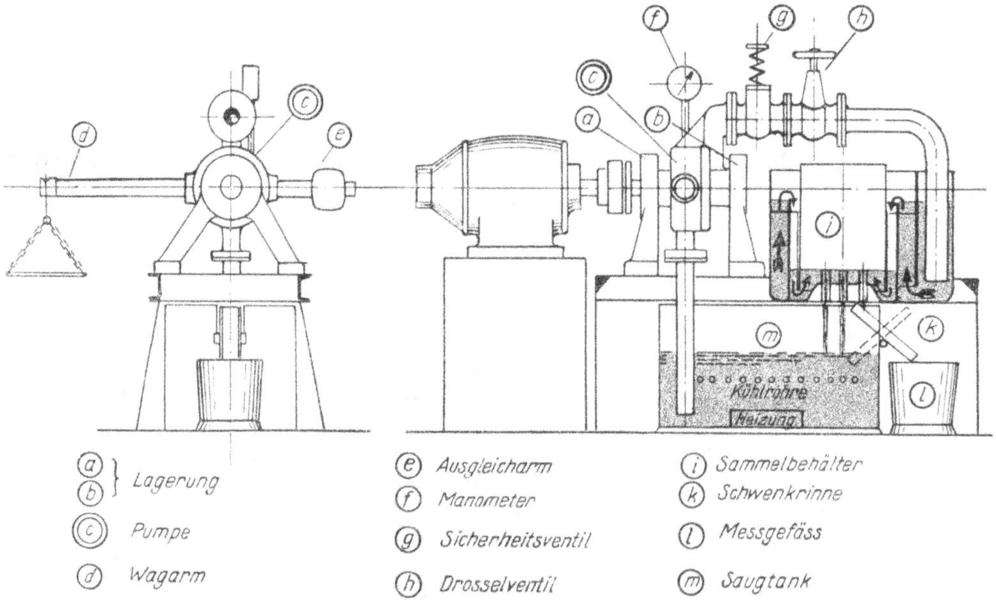

Abb. 11.

Die Abmessungen der untersuchten Pumpe, die als Dreiräderpumpe ausgebildet war, waren folgende:

1. Mittleres, treibendes Rad:

   Teilung $^8/_3\pi$; $z_1 = 36$; d_t = Teilkreisdurchm. = 96 mm; $\alpha = 70^0$; d_K = Kopfkreisdurchm. = 101,2 mm; h_1 = Kopfhöhe der Zähne = 2,6 mm; B = Radbreite = 50 mm.

2. Kleine, getriebene Räder:

   Teilung = $^8/_3\pi$; $z_2 = 24$; $d_t = 64$; $\alpha = 70^0$; $d_K = 71$ mm; $h_2 = 3{,}5$ mm; $B = 50$;

$$e = T \cdot \sin\alpha = 0{,}788 \text{ cm}; \quad e^2 = 0{,}622 \text{ cm}^2.$$

Die Verzahnung war mit einem Zahnspiel von 0,18 mm ausgeführt: Im Zahngrund des treibenden Rades befand sich für jeden Zahn eine Einfräsung wie sie in Abb. 7 rechts oben dargestellt ist, durch die das Quetschöl mittels der in gleicher Abb. schematisch gezeichneten Steuerung, entsprechend der Stellung des Eingriffspunktes auf der Eingriffslinie, aus dem Quetschölraum entweder in den Druckraum abgeführt, oder in den abgeschlossenen Raum aus dem Saugraum zugeführt wurde.

Das Fördervolumen für 1 Umlauf des mittleren Rades errechnet sich nach Gl. (23) zu

$$V_u = \underline{186 \text{ cm}^3}.$$

Hieraus ergibt sich für eine Umlaufszahl von $n = 750$ Uml./min ein mittleres Q von

$$Q_m = 2340 \text{ cm}^3/\text{sec}.$$

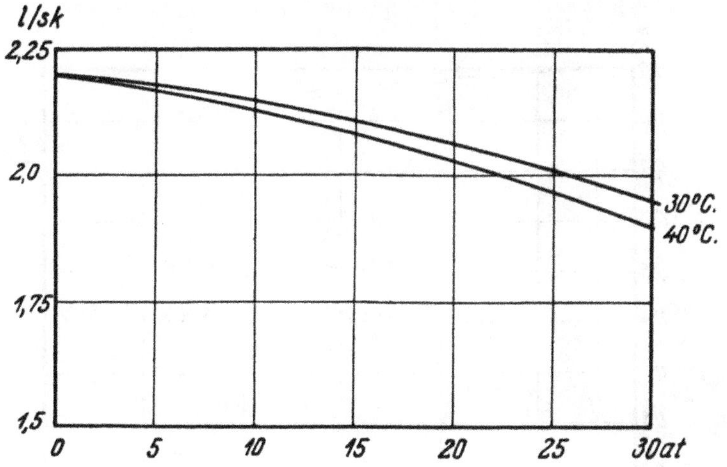

Abb. 12.

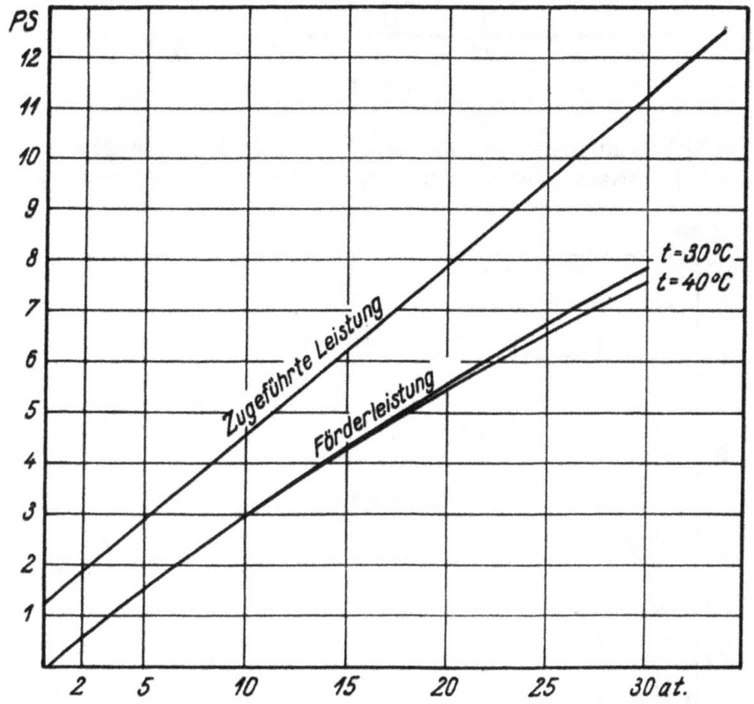

Abb. 13.

Die Reihenfolge der Versuche war folgende:

1. Leerlaufversuche zur Bestimmung der Leerlaufföredermenge.
2. Fördermengenmessungen bei gleichzeitiger Bestimmung des Leistungsverbrauches bei verschiedenen Förderdrücken für eine minutl. Umlaufszahl von $n = 750$.
3. Fördermengenmessungen wie unter 2 für verschiedene Umlaufszahlen.

Als Versuchstemperaturen wurden C = 30° bis 40° nach Möglichkeit eingehalten.

In Abb. 12 u. 13 sind die Ergebnisse der Versuchsreihe 1 und 2 zusammengestellt. Zu den Ergebnissen ist zu bemerken: Zwischen der errechneten und der gemessenen Fördermenge besteht ein Unterschied von 6%, der auf die bei der kleinen Ausführung unvermeidlichen Werkstätten-

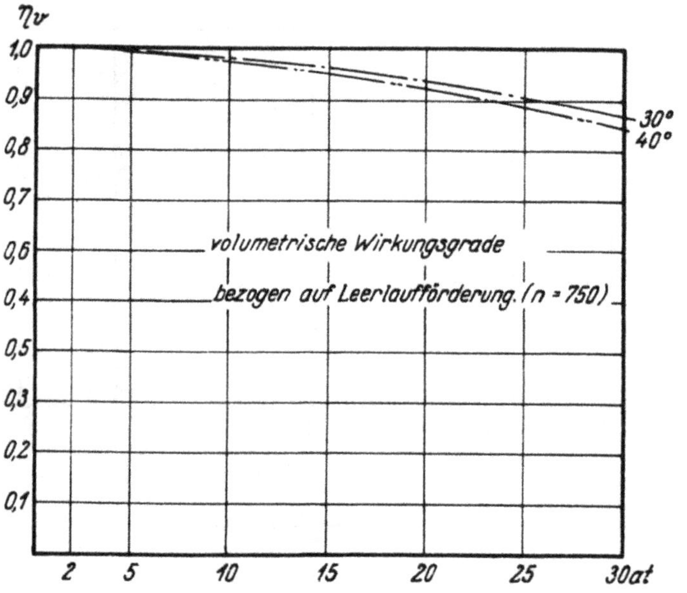

Abb. 14.

ungenauigkeiten zurückzuführen ist und auf den Umstand, daß es wegen zu geringer Schluckfähigkeit der Düsen bei Leerlauf nicht möglich war, mit der Pumpe auf volle Tourenzahl zu gehen,

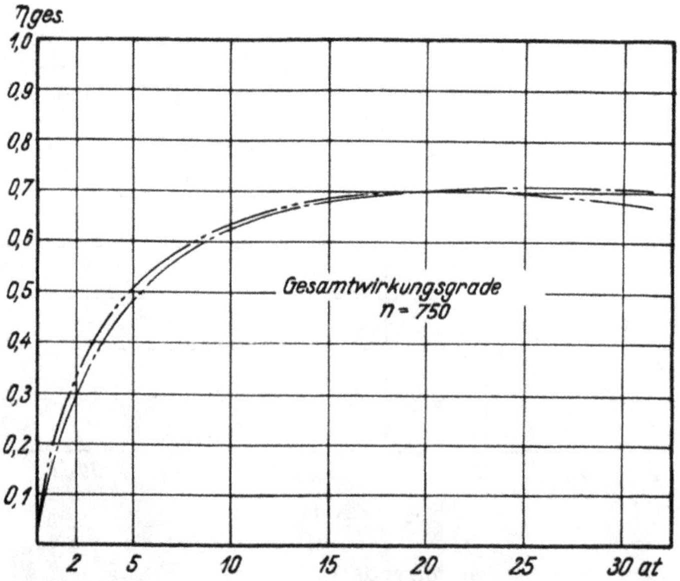

Abb. 15.

daß die Werte vielmehr durch Umrechnung im Verhältnis der Umlaufszahlen bestimmt werden mußten.

In Abb. 14 sind die volumetrischen Wirkungsgrade, bezogen auf die Leerlaufförderung dargestellt. Der bemerkenswert geringe Abfall der Kurve auch für höhere Drücke ist darauf zurückzuführen, daß die Räder an ihren Stirnseiten sehr sorgfältig eingeschliffen waren. Im weiteren Verlaufe der Versuche kam aus diesem Grunde die Pumpe zu Schaden, da infolge Eindringens eines Fremdkörpers ein Seitenrad an seiner Stirnseite anfraß. Man muß daher bei Pumpen für hohe Drücke, bei denen besonders geringes seitliches Spiel der Räder im Gehäuse notwendig wird, für gute Schmierung auch an den Stirnseiten sorgen. Am besten werden die Räder eingeschliffen und das Seitenspiel durch Einlegen dünner Papierdichtungen zwischen Deckel und Gehäuse eingestellt.

Die Gesamtwirkungsgrade für die Pumpe bei der normalen Umlaufszahl sind in Abb. 15 dargestellt.

In Abb. 16 sind die Gesamtwirkungsgrade in Abhängigkeit von der Teilkreisgeschwindigkeit für verschiedene Förderdrücke angegeben. Die entsprechenden Versuche wurden nach behelfsmäßiger Ausbesserung des erwähnten Schadens angestellt. Aus diesem Grunde liegen die Kurven niedriger als die in Abb. 15 dargestellten. Deutlich erkennbar ist für jeden Gegendruck ein Wir-

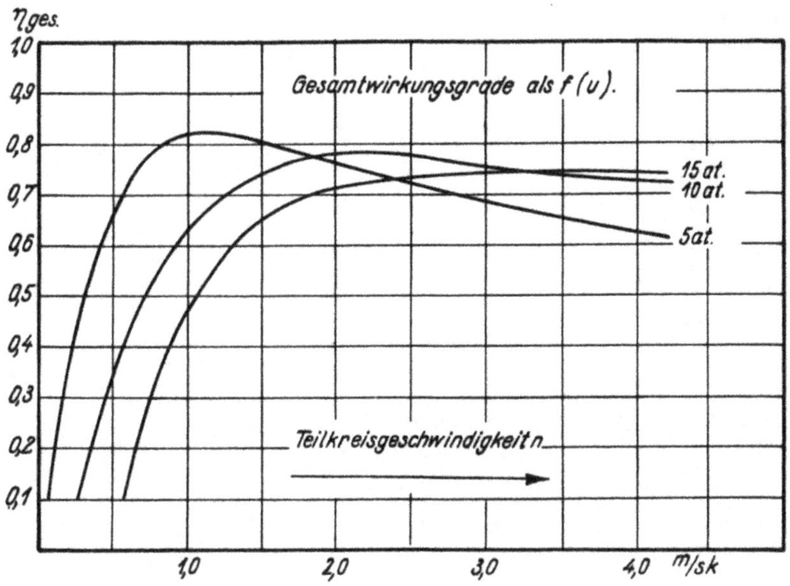

Abb. 16.

kungsgradmaximum, zugeordnet einer bestimmten Teilkreisgeschwindigkeit. Man erkennt daraus, daß es unwirtschaftlich ist, Pumpen für geringe Förderhöhen rasch laufen zu lassen. Vielmehr sind dann die Pumpen mit großer Teilung und kleiner Teilkreisgeschwindigkeit auszuführen. Für höhere Drücke werden kleine Teilung und größere Geschwindigkeit notwendig. Je höher die Gegendrücke werden, um so schmäler müssen aus Gründen der Lagerbelastung bei erhöhter Teilkreisgeschwindigkeit die Räder ausgeführt werden und um so schwieriger wird die Seitendichtung derselben, von deren Güte die volumetrischen Wirkungsgrade der Pumpen hauptsächlich bestimmt werden.

Zahnradpumpen erfordern von der ausführenden Werkstatt genaue Arbeit. Bei der Fabrikation ist besonders auf nachstehende Punkte zu achten:

1. Die Lagerbohrungen im Gehäuse und im Deckel müssen sich in bezug auf Lage und Achsenrichtung genau entsprechen.
2. Die Stirnflächen im Gehäuse und im Deckel müssen eben und sorgfältig bearbeitet sein.

3. Die Ecken in der Ausdrehung für die Zahnräder im Gehäuse müssen scharf sein, da die Zähne der Räder an der Kante nicht gebrochen sein sollen.
4. Das Spiel zwischen Zahnrädern und Gehäuse muß größer sein als das Lagerspiel.
5. Die Zahnräder müssen genau zylindrisch und gleich hoch sein.

Alle eingegossenen Kanäle sind sorgfältigst von Kernsand zu reinigen, da sich lösender Gußsand die Pumpen augenblicklich unbrauchbar machen und durch plötzliches, von Festfressen herrührendes Stillsetzen der Antriebsmaschinen auch in diesen Brüche verursachen kann. Hochbelastete Pumpen sollten vor endgültiger Inbetriebnahme stets längere Zeit bei mittleren Drücken einlaufen.

Untersuchungen über den Gefällsverlust an Rechen.

Von Dipl.-Ing. **Otto Kirschmer**.

I. Einleitung.

Bei Wasserkraftanlagen werden zum Abfangen von Treibgut aller Art Grob- und Feinrechen verwendet, die einen Verlust an Gefälle zur Folge haben. Der Verlust ist zwar klein und wird bei Anlagen mit großem Gefälle immer von untergeordneter Bedeutung sein; bei Anlagen mit kleinem Gefälle aber kann er mitunter schon einen recht erheblichen Bruchteil des Gefälles ausmachen. Wünschenswert ist es in jedem Falle, den Verlust so klein als möglich zu halten.

Untersuchungen über Rechenverluste wurden, soweit dem Verfasser bekannt, bis jetzt noch nicht ausgeführt. Die Angaben in der Literatur[1]) sind äußerst spärlich und teilweise auch widersprechend. Beim Entwurf von Rechenanlagen war man daher bisher auf Schätzungen des zu erwartenden Verlustes angewiesen.

Die vorliegende Arbeit hat den Zweck, die Verluste an solchen Rechenformen zu prüfen, wie sie in der Praxis hauptsächlich üblich sind und zu zeigen, wie man durch die Wahl besonders günstiger Querschnittsformen die Verluste bedeutend vermindern kann.

Es darf nicht übersehen werden, daß bei ausgeführten Rechenanlagen die Verluste unter dem Einfluß des Treibgutes teilweise erheblich höher ausfallen werden als bei den durchgeführten Laboratoriumsversuchen. Der Einfluß des Treibguts auf die Rechenverluste ist im allgemeinen für jede Anlage verschieden und hängt von zwei Umständen ab:

1. von der Art und Menge des Treibguts,
2. von der Wartung des Rechens.

Es ist unmöglich, irgendein Maß für diesen Einfluß anzugeben, und deshalb auch nicht möglich, ihn im Laboratoriumsversuch zu berücksichtigen.

Ganz ähnlich liegen die Verhältnisse für den Fall, daß der Rechen in kalten Wintermonaten vereist.

Für die Bestimmung der erforderlichen Größe der Rechen werden im Wasserturbinenbau Faustformeln angewendet, die nicht hinreichend begründet sind. Oft wird, zu Unrecht, der genauen Bestimmung der Verluste und einer Klarstellung der für sie maßgebenden Verhältnisse geringere Bedeutung deswegen beigemessen, weil für den im Betrieb vorliegenden Zustand, bei dem der Rechen in nicht vorausbestimmbarer Weise durch Treibgut teilweise verstopft ist, eine Vorausberechnung der Verluste doch nicht möglich ist. Aber gerade bei teilweiser Verstopfung des Rechens ist es erwünscht, daß die freigebliebene Rechenfläche möglichst gut ausgenutzt wird. Es ist deswegen wertvoll, die für die Größe der Verluste maßgebenden Umstände zu kennen, auch wenn dadurch eine Vorausberechnung des bei teilweiser Verstopfung eintretenden tatsächlichen Verlustes nicht möglich ist.

Die vorliegende Arbeit behandelt nur den Fall der geraden Zuströmung. Der Fall der schrägen Zuströmung bleibt einer späteren Arbeit vorbehalten.

---

[1]) Literatur: 1. Camerer: Vorlesungen über Wasserkraftmaschinen, 2. Aufl., S. 340. — 2. Escher-Dubs: Die Theorie der Wasserturbinen, 3. Aufl., S. 141. — 3. Rümelein: Wasserkraftanlagen, 2. Band. — 4. Engels: Handbuch des Wasserbaus, 4. Teil, 3. Abschnitt.

II. Die Versuchseinrichtungen.

Die Versuche wurden im Laboratorium des Hydraulischen Institutes der Technischen Hochschule in München auf Anregung von Professor Dr. D. Thoma durchgeführt in einem Holzgerinne von 300 mm Breite, 1300 mm Höhe und 4250 mm Länge. Die Wände des Gerinnes waren glatt gestrichen, um den Reibungsverlust im Gerinne selbst zu verringern. Eine Nachprüfung dieses Reibungsverlustes führte auf Werte, die selbst bei den höchsten erreichten Wassergeschwindigkeiten von etwa 0,8 m/s, innerhalb der 2500 mm langen Meßstrecke kleiner als 0,5 mm, also vernachlässigbar klein, waren.

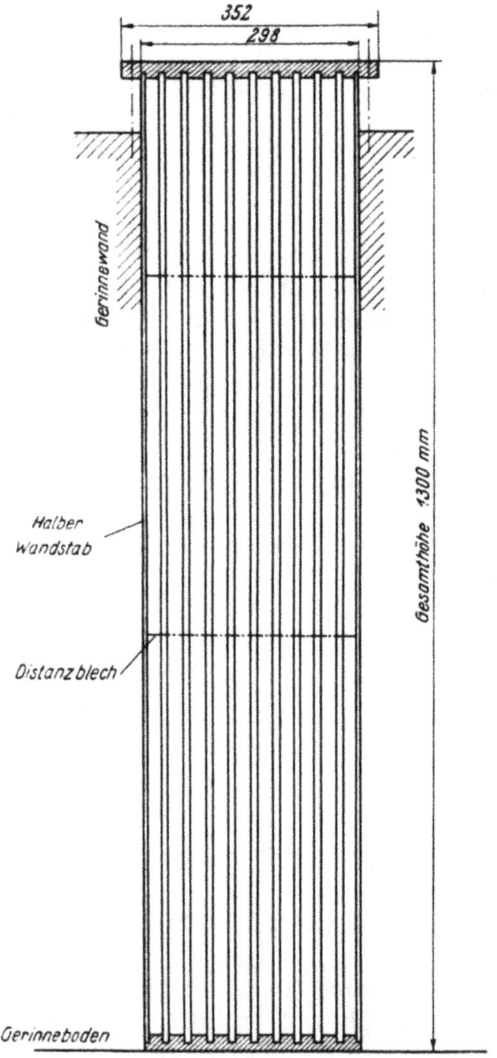

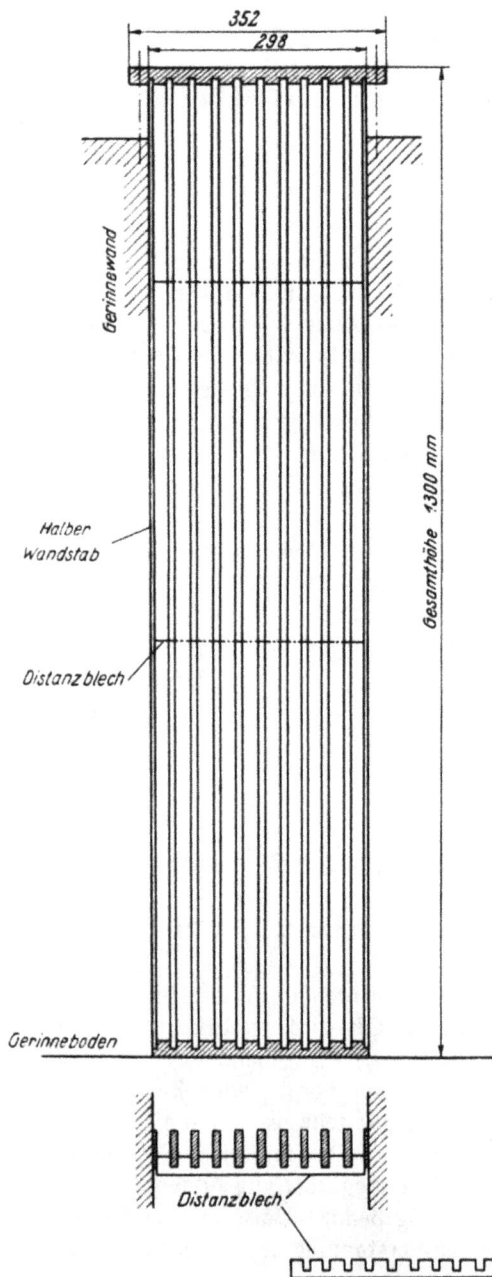

Abb. 1.

Die zu den Untersuchungen benutzten Rechenstäbe wurden aus lufttrockenem, astfreiem Eschenholz angefertigt und mit Leinöl getränkt. Beim Anschluß an die Wände des Gerinnes wurde jeweils ein Rechenstab von halber Dicke verwendet, um den Einfluß der endlichen Gerinnebreite auszuschalten (Abb. 1).

Ein seitliches Abfließen des Wassers wurde dadurch verhütet, daß die Wandstäbe mit Gips gegen die Gerinnewände abgedichtet wurden.

Die gegenseitige Entfernung der einzelnen Rechenstäbe wurde durch Distanzbleche aus 2 mm starkem Eisenblech gewahrt, die vorne zugeschärft waren, um zusätzliche Verluste zu vermeiden. In der Tat zeigten auch die Versuche, die bei ein und demselben Rechen mit 1, 2 und 4 Distanzblechen durchgeführt wurden, keinerlei Abweichungen voneinander.

Zur Ermittlung des durch die Rechen bewirkten Gefällsverlustes wurde die Höhenlage des Wasserspiegels im Gerinne vor und hinter dem Rechen durch zwei Schwimmer und gleichzeitig durch einen Oberflächentaster gemessen (Abb. 2). Die Schwimmer waren in üblicher Weise in Wasserstandrohren untergebracht. Zur Ermöglichung einer parallaxenfreien Ablesung trugen die Schwimmkörper oben eine kleine horizontale Scheibe. Der Taster war auf einem Schlitten in der Längs- und Querrichtung verschiebbar, so daß Tiefenbestimmungen an jeder Stelle des Gerinnes möglich waren.

Die richtige Ermittlung des Rechenverlustes erforderte zunächst eine richtige Festlegung der Meßstellen.

Der Rechen bewirkt eine wesentliche Veränderung der Oberflächengestalt der Strömung. Abb. 3, ein mit Hilfe des Tasters aufgenommenes Bild des Oberflächenverlaufs, läßt folgende ausgeprägte Abschnitte erkennen:

bis *A* ungestörter Verlauf der Oberfläche,
A—*B* Staubereich vor dem Rechen,
B—*C* Senkungsbereich,
C—*D* Staubereich hinter dem Rechen,
von *D* ab ungestörter Abfluß.

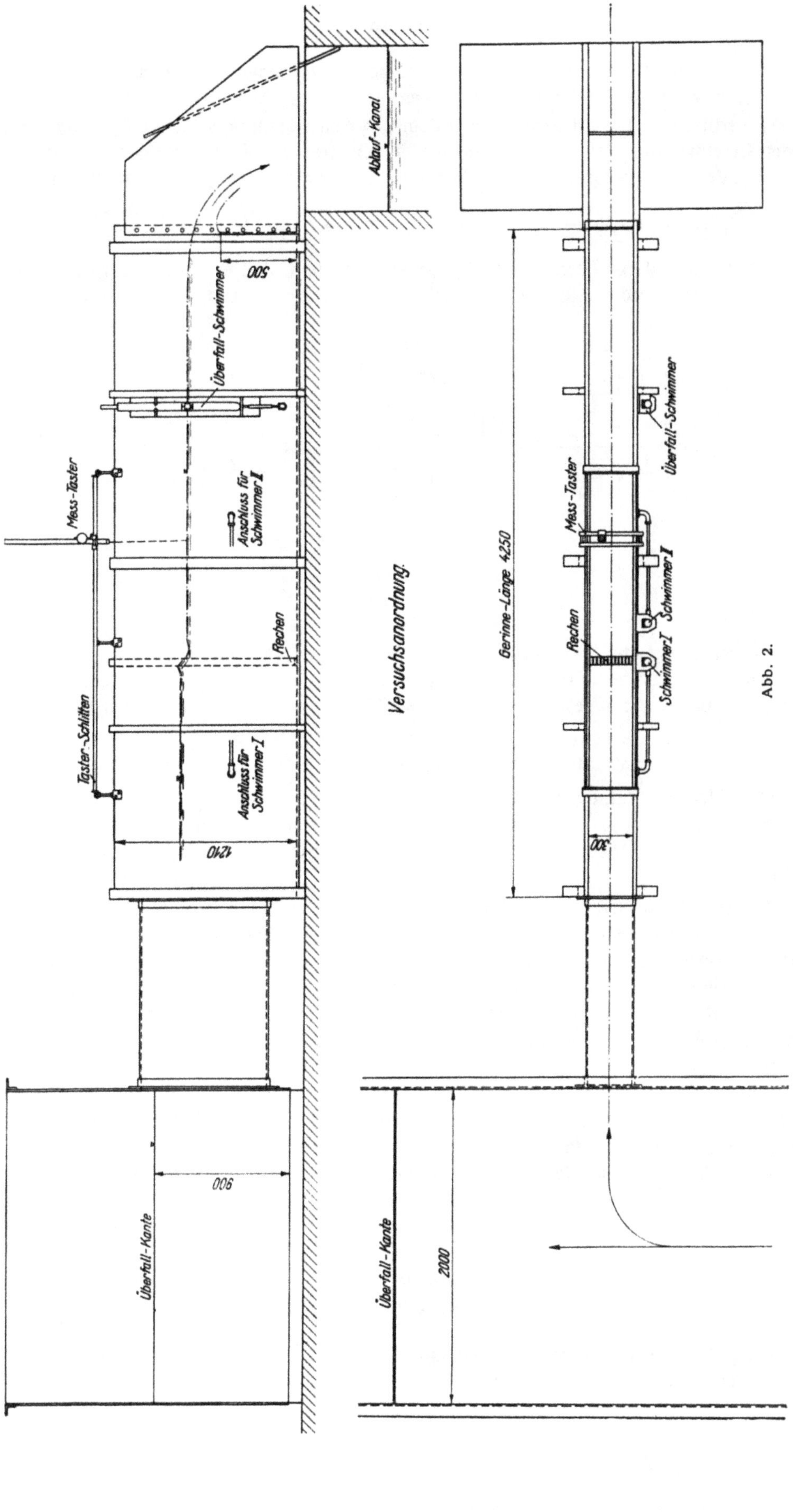

Versuchsanordnung.

Abb. 2.

Unter „Rechenverlust h_w" ist der Unterschied zwischen den Wasserspiegeln vor der Stelle A und hinter der Stelle D zu verstehen.

Dieser Verlust h_w ist nicht genau gleich dem „hydraulischen Verlust h_w'", da der Unterschied der Geschwindigkeitshöhen vor und hinter dem Rechen nicht berücksichtigt ist. Die Geschwindigkeit des Wassers hinter dem Rechen v_2 ist größer als diejenige vor dem Rechen v_1, so daß

$$h_w' = \left(h_1 + \frac{v_1^2}{2g}\right) - \left(h_2 + \frac{v_2^2}{2g}\right) = (h_1 - h_2) - \frac{v_2^2 - v_1^2}{2g} = h_w - \frac{v_2^2 - v_1^2}{2g}$$

wird. Der Unterschied zwischen h_w und h_w' ist aber so klein, daß er für den vorliegenden Zweck wohl vernachlässigt werden kann, wie nachstehender Vergleich zeigt.

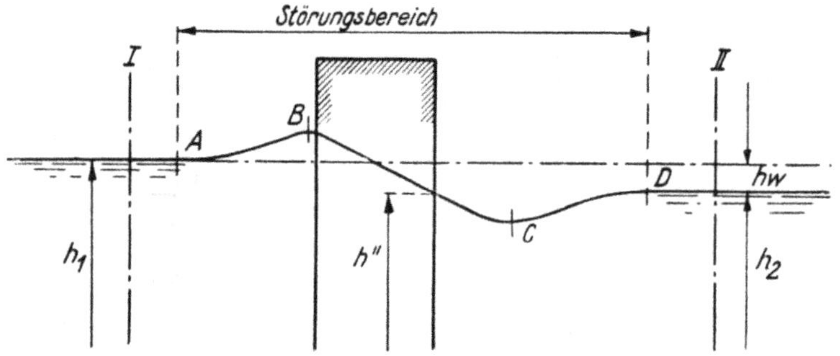

Abb. 3.

Bei Rechen F (s. Abb. 14) wurde bei einer Wassertiefe vor dem Rechen $h_1 = 1070$ mm die Zuströmgeschwindigkeit $v_1 = 0{,}725$ m/s ermittelt; hinter dem Rechen war bei einer Wassertiefe $h_2 = 1039$ mm die Abströmgeschwindigkeit $v_2 = 0{,}746$ m/s. Mit diesen Werten wird der

Rechenverlust $h_w = (1070 - 1039)$ mm $= 31$ mm,
hydraulische Verlust $h_w' = 31 - 1{,}5$ mm $= 29{,}5$ mm,

was einem Fehler von rund 5% entspricht.

Der Spiegelunterschied zwischen dem höchsten Staupunkt B und der tiefsten Senke C ist nur ein „scheinbarer Rechenverlust", der den wirklichen Verlust meist um ein Vielfaches übertrifft.

Die Meßstellen zur Ermittlung der Wassertiefen vor und hinter dem Rechen wurden nun so gelegt, daß sie bei allen Versuchen außerhalb des Störungsbereiches A—D lagen.

Zur Bestimmung der sekundlichen Wassermenge wurde ein belüfteter Überfall ohne Seitenkontraktion mit 300 mm Wehrbreite, 500 mm Wehrhöhe und geschärfter Wehrkante verwendet. Die Überfallhöhen selbst wurden durch einen Schwimmer gemessen.

Die Geschwindigkeiten wurden auf rechnerischem Wege aus der sekundlichen Wassermenge und dem durchströmten Querschnitt ermittelt. Eine direkte Messung erschien unzweckmäßig, weil die Geschwindigkeiten verhältnismäßig klein waren.

Durch Drosselung des Wassers in den Zuleitungsrohren zum Versuchsgerinne konnte die sekundliche Wassermenge und damit auch die Wassergeschwindigkeit geändert werden. Die Zulaufgeschwindigkeiten vor dem Rechen konnten auf diese Weise etwa in den Grenzen von 0,1 m/s bis 0,7 m/s variiert werden, bei Wassertiefen von rund 0,7 bis 1,1 m. Die Geschwindigkeit des Wassers beim Durchtritt durch den Rechen war größer und hing von der „Verbauung" ab, d. h. dem Verhältnis

$$\frac{\text{Stabdicke } s}{\text{lichte Kanalweite zwischen den Stäben } b}.$$

Bei der größten Zulaufgeschwindigkeit und der größten untersuchten Verbauung $\left(\frac{s}{b} = 1{,}175\right)$ wurden Werte bis etwa 1,5 m/s erreicht.

III. Übersicht über die durchgeführten Versuche.

Bemerkung: Bei den Versuchsreihen 1 mit 4 standen die Rechenstäbe vertikal im Gerinne.

1. Versuchsreihe.

Änderung der lichten Weite b unter Beibehaltung der Stabquerschnitte.
Querschnitt rechteckig, $s = 10$ mm; $l = 50$ mm.
(Ergebnisse s. Abb. 14.)

Rechen	Anzahl der Stäbe im Gerinne	Lichte Weite b in mm	$s:b$
A	16	8,7	1:0,87
B	15	10	1:1
C	14	11,3	1:1,13
D	13	13	1:1,3
E	12	15	1:1,5
F	11	17	1;1,7
G	10	20	1:2
H	9	23	1:2,3
J	8	27	1:2,7
K	7	32,5	1:3,25
L	6	39,5 und 40	1:4
M	5	49,5 und 50	1:5
N	4	64,5	1:6,45

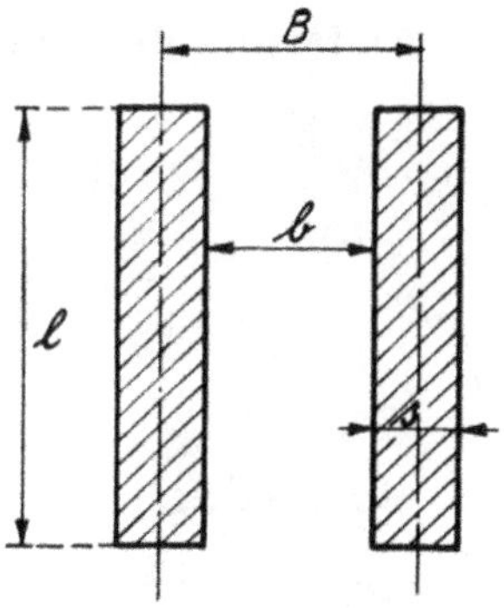

Abb. 4.

Bei allen folgenden Versuchsreihen ist $s : b = \text{konst.} = 1 : 1{,}7$.

2. Versuchsreihe.

Änderung der Stabform.
(Ergebnisse s. Abb. 17.)

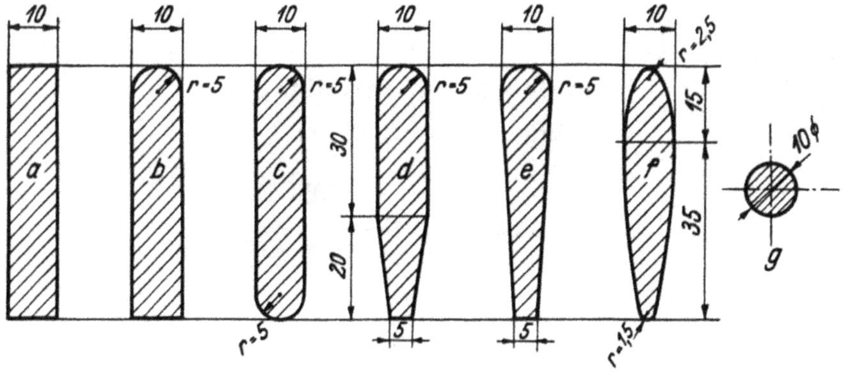

Abb. 5.

11 Stäbe im Gerinne
$s = 10$ mm
$b = 17$ mm
$l = 50$ mm

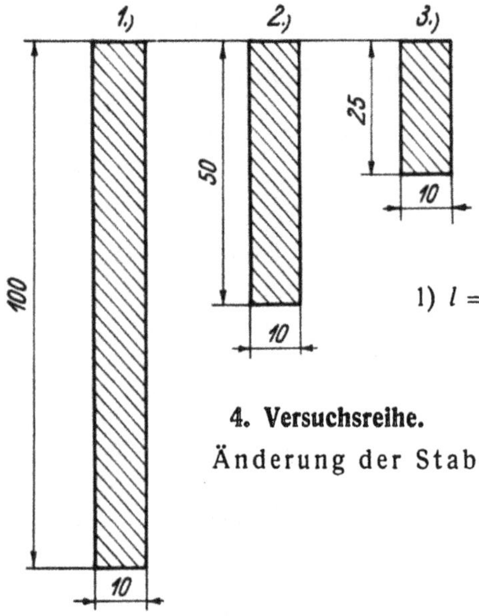

Abb. 6.

3. Versuchsreihe.

Änderung der Länge l des rechteckigen Stabquerschnitts.

(Ergebnisse s. Abb. 11.)

11 Stäbe im Gerinne

$s = 10$ mm

$b = 17$ mm

1) $l = 100$ mm 2) $l = 50$ mm 3) $l = 25$ mm

(Rechen F der 1. Versuchsreihe.)

4. Versuchsreihe.

Änderung der Stabdicke s bei konstantem Verhältnis $s : b$ unter Beibehaltung von l.

(Ergebnisse s. Abb. 18.)

$l = 50$ mm

1) 11 Stäbe im Gerinne,

2) 5 Stäbe im Gerinne.

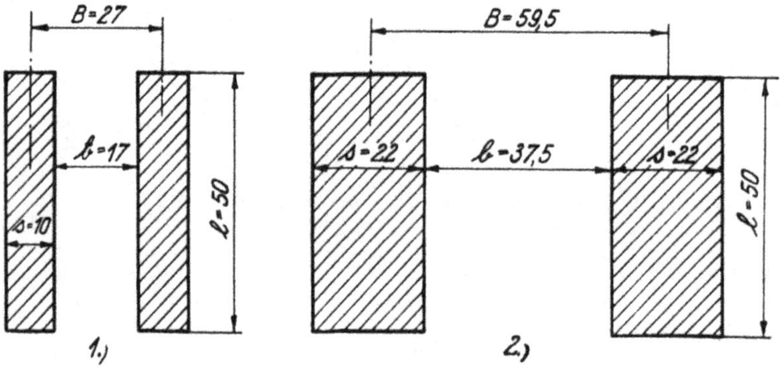

Abb. 7.

5. Versuchsreihe.

Einfluß der Schrägstellung.

(Ergebnisse s. Abb. 19.)

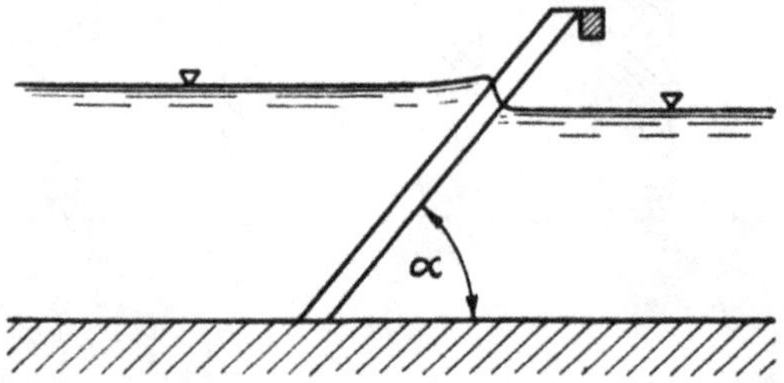

Abb. 8.

rechteckiger Stabquerschnitt; 11 Stäbe im Gerinne.

1) $\alpha = 90^0$ (Rechen F der 1. Versuchsreihe). 2) $\alpha = 60^0$. 3) $\alpha = 45^0$. 4) $\alpha = 30^0$.

IV. Rechnerische Erfassung der Verluste.

Die Erscheinungen beim Durchfluß des Wassers durch die Rechen sind dadurch gekennzeichnet, daß die Unterschiede in den Wassertiefen vor und hinter dem Rechen und damit auch die Verlusthöhen klein sind im Verhältnis zu den Wassertiefen selbst.

In dieser Hinsicht unterscheidet sich der Gegenstand der durchgeführten Rechenversuche wesentlich von dem bei den Versuchen von Prof. Rehbock[1]) über den „Stau an Brückenpfeilern". Zwar zeigen die Veränderungen der Oberfläche in beiden Fällen dasselbe Bild, aber es handelt sich bei Rehbock um ganz andere Wassertiefen und Geschwindigkeiten. Bei den Versuchen von Rehbock lagen die Geschwindigkeiten meist im Bereich des wechselnden Fließzustandes oder in dessen Nähe bei Wassertiefen von etwa 2 bis 4 m, während bei den vorliegenden Rechenversuchen auch die höchsten erreichten Geschwindigkeiten 1,5 m/s bei den dabei gemessenen Wassertiefen von ungefähr 1 m noch erheblich unter der Wellengeschwindigkeit $\sqrt{g \cdot h}$ lagen, die den Wechsel des sog. Fließzustandes[2]) kennzeichnet.

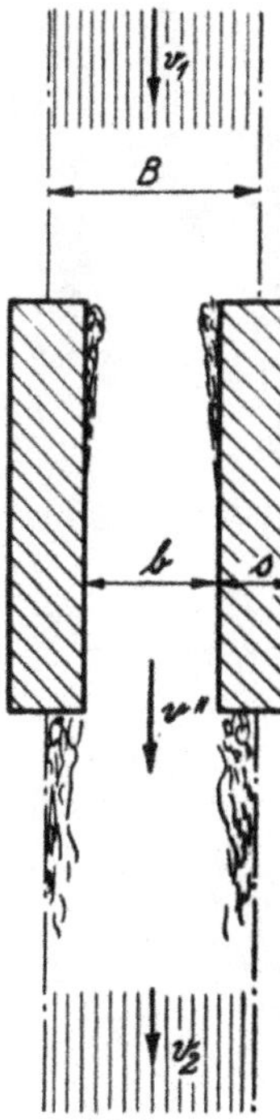

Abb. 9.

Die Geschwindigkeit des Wassers im ungestörten Zulauf sei v_1 (s. Abb. 9), die Wassertiefe h_1; die Geschwindigkeit hinter dem Rechen im wieder geordneten Abfluß sei v_2 bei einer Wassertiefe h_2. Beim Austritt aus dem Rechen habe das Wasser eine Geschwindigkeit v'' bei einer Wassertiefe h''.

Der gesamte Verlust an Druckhöhe

$$h_w = h_1 - h_2$$

setzt sich nun aus drei Teilverlusten zusammen:

1. Verlust h_{w1} durch Kontraktion beim Eintritt in den Rechen und nachfolgende Mischbewegung des Wassers.
2. Verlust h_{w2} durch Oberflächenreibung an den Stäben.
3. Mischverlust h_{w3} hinter dem Rechen.

1. Teilverlust (Kontraktion).

Man kann den Ansatz etwa in der Form schreiben:

$$h_{w_1} = \varphi \cdot \left(\frac{s}{b}\right)^2 \cdot \frac{v_1{}^2}{2g}.$$

Hält man φ und v_1 konstant, so wird h_{w1} um so größer, je größer $\left(\frac{s}{b}\right)$ wird, d. h. je enger die Stäbe stehen. Im Grenzfall unendlich weit gestellter Stäbe ($b = \infty$) wird $h_{w1} = 0$. Für den andern Grenzfall völliger Versperrung des Querschnitts ($b = 0$) wird h_{w1} für endliche Werte von v_1 unendlich groß, also ist der Ansatz brauchbar. Der Zahlenbeiwert φ berücksichtigt die Form der Rechenstäbe an ihrem vorderen Ende.

2. Teilverlust (Oberflächenreibung).

Nach der Formel von Gebers[3]) ist die Reibung an Platten

$$\begin{cases} W = c_w \cdot F \cdot \dfrac{\gamma}{g} \cdot \dfrac{v^2}{2}; \text{ wobei} \\ c_w = \dfrac{1{,}327}{\sqrt{R_e}} \text{ für Werte von } R_e < 2{,}2 \cdot 10^6. \end{cases}$$

---

[1]) Rehbock: Betrachtungen über Abfluß, Stau- und Walzenbildung bei fließenden Gewässern (Festschrift 1917, Seite 18 ff.).

[2]) Fließ„zustand" ist eigentlich ein irreführender Ausdruck, da der innere Zustand des Wassers keine Unstetigkeit durchmacht, wenn v durch die Wellengeschwindigkeit hindurchgeht. Unstetigkeit besteht nur bezüglich des Verhaltens zu festen Wänden und Hindernissen.

[3]) Gebers: Ein Beitrag zur experimentellen Ermittlung des Widerstandes gegen bewegte Körper, 1908 (Verlag des „Schiffbau"). — Blasius, Forschungsheft 131 (Ähnlichkeitsgesetz bei Reibungsvorgängen in Flüssigkeiten).

Für einen Rechen von beispielsweise $l = 50$ mm Querschnittslänge, $B = 27$ mm Teilung und $s = 10$ mm Stabdicke, ergab sich bei einer Wassertiefe $h_1 = 1070$ mm die Zulaufgeschwindigkeit $v_1 = 0{,}725$ m/s.

Mit diesen Werten wird die Reynolds'sche Zahl

$$R_e = \frac{v \cdot l}{\nu} = \frac{0{,}725 \cdot 0{,}05}{1 \cdot 10^{-6}} = 0{,}725 \cdot 5 \cdot 10^4 = 3{,}625 \cdot 10^4 \; [0]$$

und der Beiwert

$$c_w = \frac{1{,}327}{100 \cdot \sqrt{3{,}625}} = 6{,}97 \cdot 10^{-3}; \text{ somit}$$

$$W = c_w \cdot 2 \cdot l \cdot h_1 \cdot \frac{\gamma}{g} \cdot \frac{v_1^2}{2}$$

$$= 6{,}97 \cdot 10^{-3} \cdot 2 \cdot 0{,}05 \cdot 1{,}07 \cdot \frac{10^3}{9{,}81} \cdot \frac{0{,}725^2}{2}$$

$$= \underline{\underline{0{,}02 \text{ kg}}}.$$

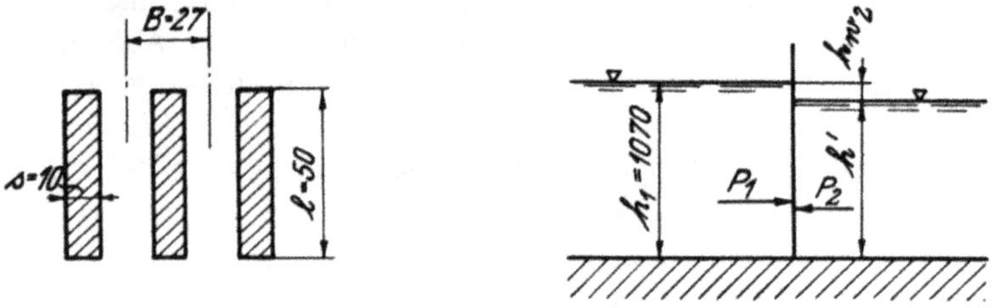

Abb. 10.

Nun ist aber (s. Abb. 10)

$$W = P_1 - P_2$$

$$= f \cdot \gamma \cdot \frac{h_1}{2} - f \cdot \gamma \cdot \frac{h'}{2}$$

$$= h_1 \cdot B \cdot \gamma \cdot \frac{h_1}{2} - h' \cdot B \cdot \gamma \cdot \frac{h'}{2}$$

$$= B \cdot \gamma \cdot \left(\frac{h_1^2}{2} - \frac{h'^2}{2}\right) = B \cdot \gamma \cdot \left(\frac{h_1 + h'}{2}\right) \cdot (h_1 - h');$$

wobei

$$h_1 - h' = h_{w_2}$$

und näherungsweise $\frac{h_1 + h'}{2} = h_1$ gesetzt werden kann.

Mit diesen Werten wird

$$W = B \cdot \gamma \cdot h_1 \cdot h_{w_2}; \text{ und}$$

$$h_{w_2} = \frac{W}{B \cdot \gamma \cdot h_1} = \frac{0{,}02}{0{,}027 \cdot 1000 \cdot 1{,}07} = 0{,}00069 \text{ m}$$

$$= \underline{\underline{0{,}69 \text{ mm}}}.$$

Für einen Rechen mit gleichen Werten von h_1, v_1, B und s, aber

$l = 100$ mm bzw. $l = 25$ mm

wird analog

$l = 100$ mm	$l = 25$ mm
$R_e = 7{,}25 \cdot 10^4$	$R_e = 1{,}812 \cdot 10^4$
$c_w = 4{,}93 \cdot 10^{-3}$	$c_w = 9{,}86 \cdot 10^{-3}$
$W = 0{,}0283$ kg	$W = 0{,}01415$ kg
$h_{w_2} = 0{,}98$ mm	$h_{w_2} = 0{,}49$ mm.

Nach dieser Rechnung ist also der Verlust durch Oberflächenreibung an den Stäben als sehr klein zu erwarten.

Zur experimentellen Prüfung dieses Verlustes (3. Versuchsreihe) wurde ein Rechen mit rechteckigem Stabquerschnitt von $s = 10$ mm Stabdicke, $b = 17$ mm lichter Kanalweite und $B =$ 27 mm Teilung geprüft, der zuerst eine Querschnittslänge $l = 100$ mm hatte, dann auf $l = 50$ mm und später auf $l = 25$ mm gekürzt wurde.

Die Versuche ergaben, wie Abb. 11 zeigt, innerhalb der Streugrenzen eine kaum merkbare Abweichung voneinander. Die Verluste durch Oberflächenreibung können also in dem untersuchten Bereich (bis $l = 100$ mm) vernachlässigt werden. Die Querschnittslängen der in der Praxis üblichen Rechen schwanken zwischen 30 und 80 mm, fallen also in den untersuchten Bereich.

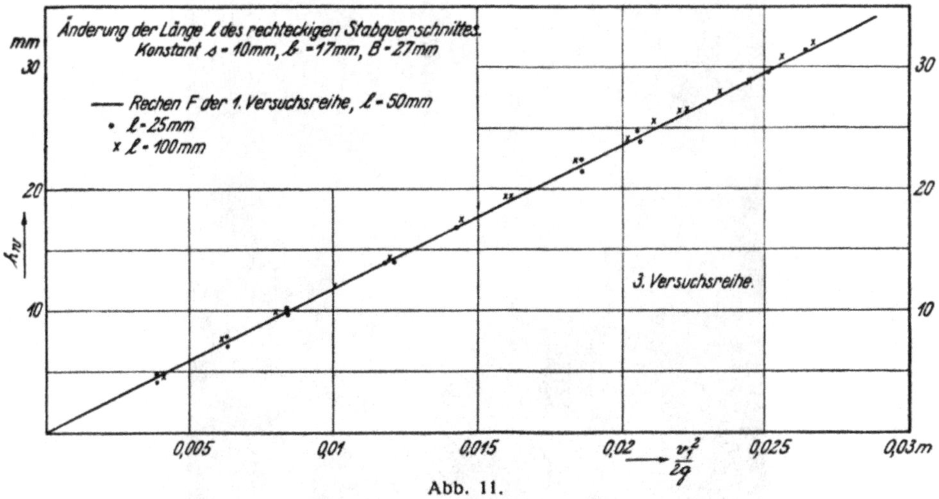

Abb. 11.

3. Teilverlust (Mischverlust hinter dem Rechen).

Der Verlust durch den Mischvorgang hinter dem Rechen ist der bedeutendste und kann nach Carnot in der Form angeschrieben werden:

$$h_{w_3} = \psi \cdot \frac{(v'' - v_2)^2}{2g}.$$

ψ ist ein Zahlenwert, der die Ausbildung des hinteren Endes der Rechenstäbe berücksichtigt. Dabei ist die Geschwindigkeit des Wassers beim Austritt aus dem Rechen

$$v'' = v_1 \cdot \frac{B}{b} \cdot \frac{h_1}{h''}$$

und die Geschwindigkeit im Gebiet des wieder geordneten Abflusses

$$v_2 = v_1 \cdot \frac{h_1}{h_2}.$$

Da die Unterschiede in den Wassertiefen h_1, h_2 und h'' nur klein sind, kann man näherungsweise

$$\frac{h_1}{h_2} \cong \frac{h_1}{h''} \cong 1$$

setzen und erhält dann

$$v'' = v_1 \cdot \frac{B}{b}$$

$$v_2 = v_1.$$

Damit wird

$$h_{w_3} = \psi \cdot \frac{\left(v_1 \cdot \frac{B}{b} - v_1\right)^2}{2g} = \psi \cdot \left(\frac{B}{b} - 1\right)^2 \cdot \frac{v_1^2}{2g} = \psi \cdot \left(\frac{B - b}{b}\right)^2 \cdot \frac{v_1^2}{2g}$$

$$\underline{h_{w_3} = \psi \cdot \left(\frac{s}{b}\right)^2 \cdot \frac{v_1^2}{2g}.}$$

Die experimentelle Ermittlung der einzelnen Teilverluste ist schwierig, da wegen der störenden Oberflächenerscheinungen (Bildung von Wasserwalzen u. a.) die Wassertiefen und damit die Geschwindigkeiten im Störungsgebiet $A-D$ (s. Abb. 3) nicht genau ermittelt werden können.

Abb. 12.

Besonders am Austritt des Wassers aus dem Rechen ist eine eindeutige Bestimmung der Wassertiefe nicht möglich, weil sich unmittelbar hinter den Rechenstäben Einsenkungen (bei großen Geschwindigkeiten über 1 m/s bis zu 150 mm) gegenüber dem Spiegel des aus den Rechenkanälen frei austretenden Wassers ausbilden (s. Abb. 12 u. 13).

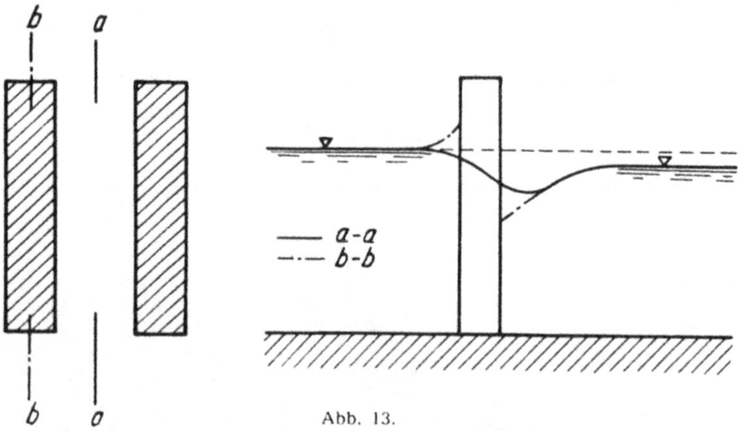

Abb. 13.

Im Hinblick auf die praktischen Folgerungen, die aus diesen Versuchen gezogen werden sollen, erscheint auch eine Ermittlung der einzelnen Teilverluste gegenüber der Bestimmung des Gesamtverlustes von untergeordneter Bedeutung.

Faßt man daher die Verluste zusammen, so erscheint mit

$$h_{w_2} \cong 0$$

der Gesamtverlust h_w unter der Form:

$$h_w = (\varphi + \psi) \cdot \left(\frac{s}{b}\right)^2 \cdot \frac{v_1^2}{2g}; \text{ oder}$$

$$h_w = \alpha \cdot \left(\frac{s}{b}\right)^2 \cdot \frac{v_1^2}{2g}.$$

Der Ansatz kann als zweckmäßig gelten, wenn die Versuche ergeben, daß α nur von der Querschnittsform abhängt, nicht aber von v_1 und sich mit $\left(\frac{s}{b}\right)$ nur wenig ändert.

V. Ergebnisse der 1. Versuchsreihe.

(Siehe Seite 25.)

$\left(\text{Änderung der Verbauung } \frac{s}{b}.\right)$

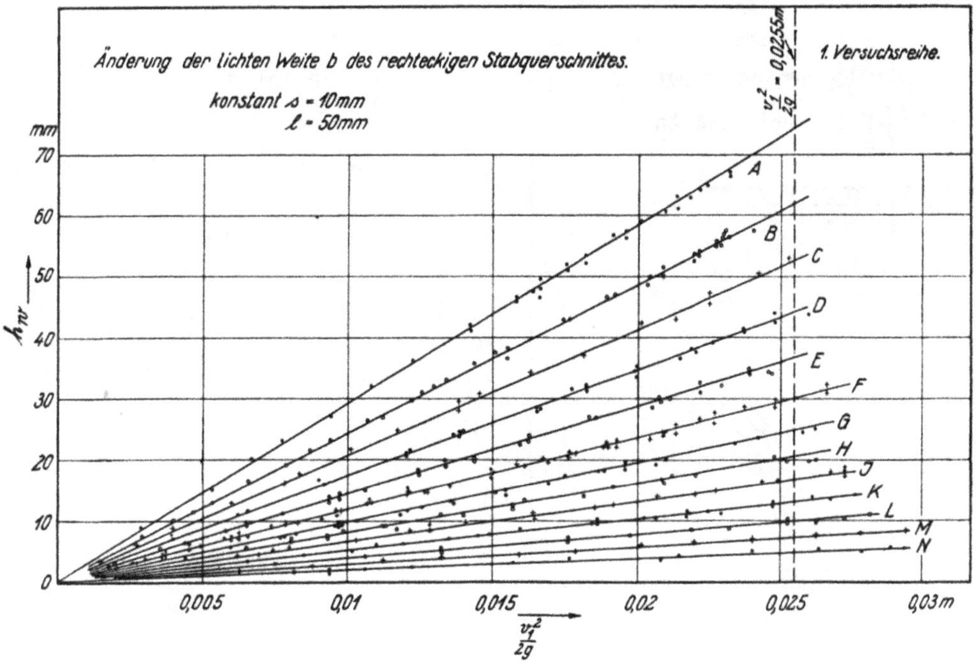

Abb. 14.

In Abb. 14 sind die bei den 13 Rechen A bis N gemessenen Gesamtverluste h_w in Abhängigkeit von der Geschwindigkeitshöhe $\frac{v_1^2}{2g}$ aufgetragen.

$$h_w = f\left(\frac{v_1^2}{2g}\right)$$

zeigt dabei, wie zu erwarten war, einen linearen Verlauf.

Ermittelt man aus den Versuchergebnissen die Zahlenbeiwerte

$$\alpha = \frac{h_w}{\left(\frac{s}{b}\right)^2 \cdot \frac{v_1^2}{2g}}$$

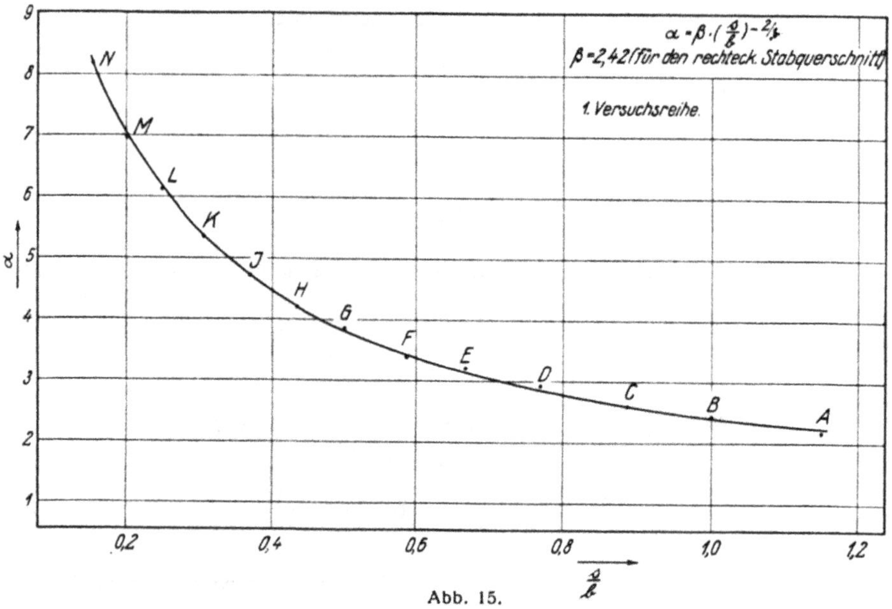

Abb. 15.

für die einzelnen Rechen und trägt α abhängig von $\left(\frac{s}{b}\right)$ auf (Abb. 15), so zeigt sich, daß α mit wachsendem $\left(\frac{s}{b}\right)$ abnimmt. Die Änderung von α bei Änderung von $\left(\frac{s}{b}\right)$ ist allerdings nicht sehr groß, so daß sich der gewählte Ansatz

$$h_w = \alpha \cdot \left(\frac{s}{b}\right)^2 \cdot \frac{v_1^2}{2g}$$

zunächst als brauchbar erweist.

Zweckmäßiger ist es aber, den Ansatz so zu gestalten, daß der Zahlenbeiwert für alle Rechen *A* bis *N* konstant bleibt, sich also mit $\left(\frac{s}{b}\right)$ nicht ändert.

Trägt man nun

$$h_w = f\left(\frac{s}{b}\right)$$

für eine beliebige, aber für alle Rechen gleiche Geschwindigkeit v_1 in logarithmischem Maßstabe auf (Abb. 16), so ergibt sich eine Gerade. Aus dieser Darstellung folgt die einfache Beziehung:

$$h_w = \beta \cdot \left(\frac{s}{b}\right)^n \cdot \frac{v_1^2}{2g},$$

wobei der Exponent

$$n = \frac{4}{3}$$

und der Beiwert

$$\beta = 2{,}42$$

(für die rechteckigen Stabquerschnitte) ermittelt wurde. Dieser neue Ansatz

$$h_w = \beta \cdot \left(\frac{s}{b}\right)^{\frac{4}{3}} \cdot \frac{v_1^2}{2g}$$

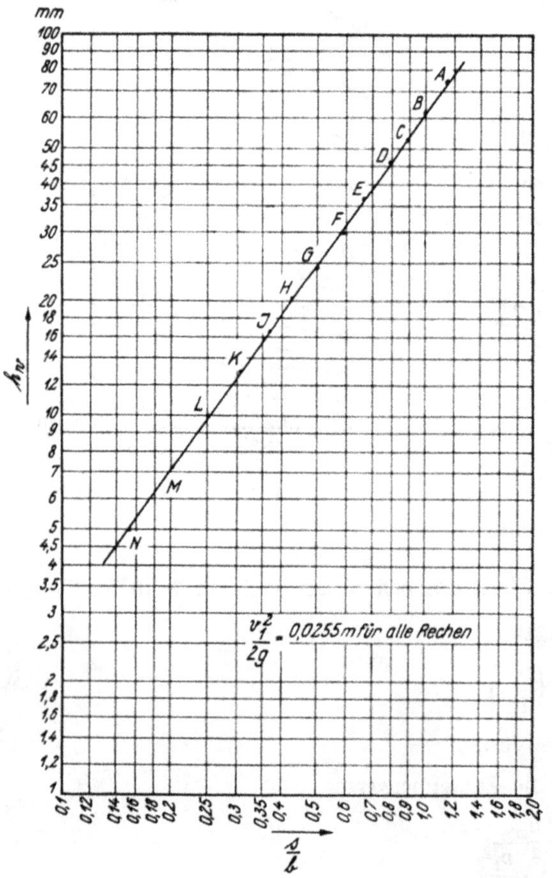

Abb. 16.

hat gegenüber dem früheren Ansatz

$$h_w = \alpha \cdot \left(\frac{s}{b}\right)^2 \cdot \frac{v_1^2}{2g}$$

den Vorteil, daß nun β auch von dem Verhältnis $\left(\frac{s}{b}\right)$ unabhängig ist, und sich nur mit der Form des Stabquerschnitts ändert.

Durch Vergleich der beiden Ansätze miteinander erhält man

$$\alpha = \beta \cdot \left(\frac{s}{b}\right)^{-\frac{2}{3}}.$$

Es liegt nahe, den gesamten Verlust h_w auf die Differenz der Geschwindigkeitshöhen der Strömung zwischen und vor dem Rechen zu beziehen, etwa in der Form

$$h_w = \zeta \cdot \left(\frac{v''^2}{2g} - \frac{v_1^2}{2g}\right).$$

Setzt man wieder $v'' = v_1 \cdot \frac{B}{b} = v_1 \cdot \frac{b+s}{b}$, so wird

$$h_w = \zeta \cdot \frac{v_1^2}{2g} \cdot \left[\left(\frac{b+s}{b}\right)^2 - 1\right]$$

$$= \zeta \cdot \frac{v_1^2}{2g} \cdot \left[\left(1 + \frac{s}{b}\right)^2 - 1\right]$$

$$= \zeta \cdot \frac{v_1^2}{2g} \cdot \left[1 + \frac{2 \cdot s}{b} + \left(\frac{s}{b}\right)^2 - 1\right]$$

$$\underline{h_w = \zeta \cdot \frac{v_1^2}{2g} \cdot \left[\frac{2 \cdot s}{b} + \left(\frac{s}{b}\right)^2\right].}$$

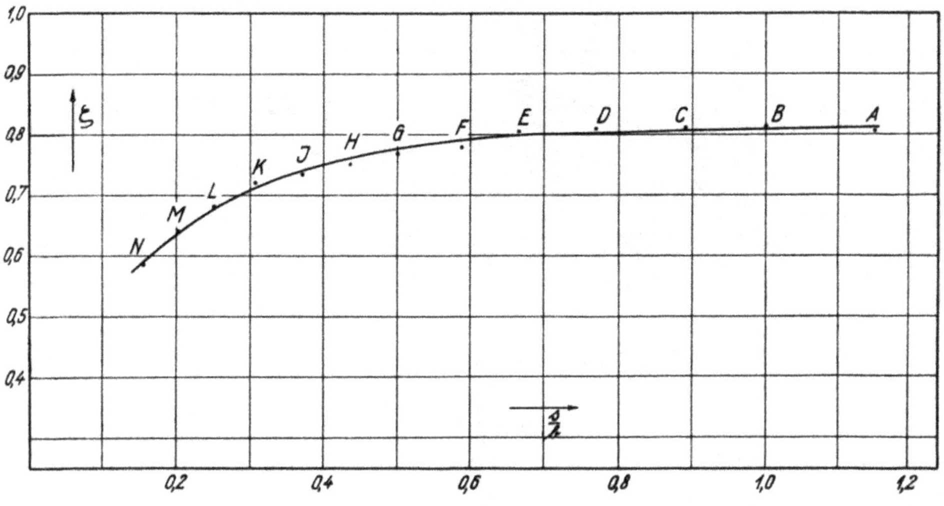

Abb. 15a.

Die Grenzbedingungen, daß h_w für endliche Werte v_1 zu Null wird für unendlich weit gestellte Rechenstäbe ($b = \infty$), und unendlich groß wird bei völliger Versperrung ($b = 0$), sind auch bei diesem Ansatz erfüllt.

Ermittelt man nun ζ aus den Versuchsergebnissen der einzelnen Rechen (s. Abb. 15a), so zeigt sich, daß ζ nicht konstant bleibt, sondern mit abnehmendem $\frac{s}{b}$ ebenfalls abnimmt. Die Abnahme ist zwar unmerklich bei Rechen mit Werten $\frac{s}{b} > 0{,}6$ (eng gestellte Rechenstäbe), wird aber größer bei Rechen mit $\frac{s}{b} < 0{,}6$.

Aus diesem Grunde ist der Ansatz

$$h_w = \zeta \cdot \frac{v_1^2}{2g} \cdot \left[\frac{2 \cdot s}{b} + \left(\frac{s}{b}\right)^2\right]$$

nicht zweckmäßig, und es wird daher für die nachfolgenden Betrachtungen der frühere Ansatz

$$h_w = \beta \cdot \left(\frac{s}{b}\right)^{\frac{4}{3}} \cdot \frac{v_1^2}{2g}$$

zugrunde gelegt, bei dem der Beiwert β von $\frac{s}{b}$ unabhängig ist.

VI. Ergebnisse der 2. Versuchsreihe

(siehe Seite 25).

(Änderung der Stabform.)

Die Ergebnisse dieser Versuche sind in Abb. 17 zusammengestellt.

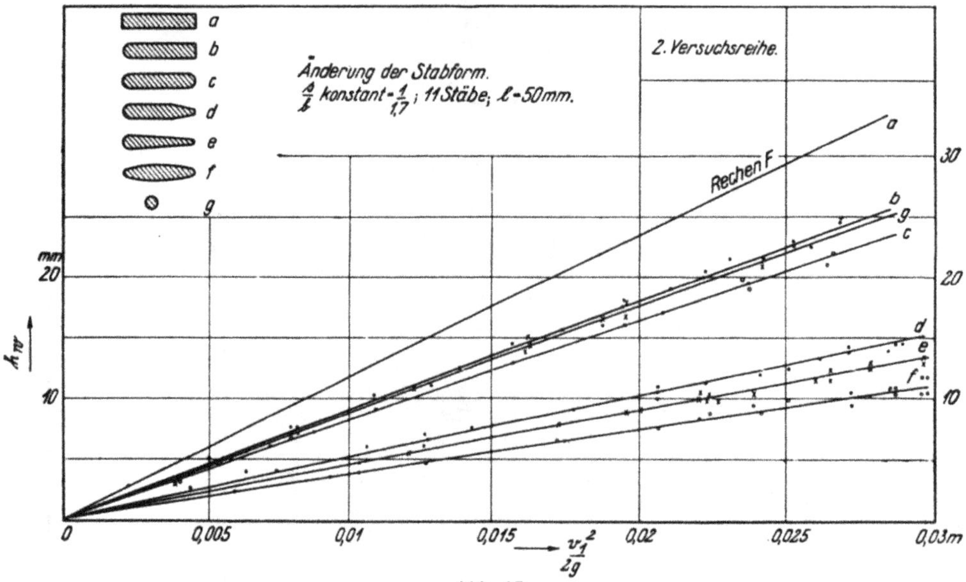

Abb. 17.

1. Für die rechteckige Stabform a erhält man, wie schon erwähnt, aus der Gleichung:

$$h_w = \beta \cdot \left(\frac{s}{b}\right)^{\frac{4}{3}} \cdot \frac{v_1^2}{2g}$$

den Wert $\beta = 2{,}42$.

2. Für die am vorderen Ende gerundete Stabform b erhält man

$$\beta = 1{,}83.$$

Bei dieser Stabform ist die Ausbildung des hinteren Stabendes dieselbe wie bei der Stabform a. Der Mischverlust hinter dem Rechen h_{w3} wird also bei beiden Formen a und b derselbe sein. Die Verminderung des Gesamtverlustes h_w bei der Stabform b gegenüber dem rechteckigen Stabquerschnitt a rührt daher, daß der Eintrittsverlust h_{w1} durch die Rundung des vorderen Stabendes geringer geworden ist. Nimmt man näherungsweise an, der Kontraktionsverlust h_{w1} sei bei Stabform b Null, so ergibt die Differenz der Gesamtverluste

$$(h_w)_a - (h_w)_b = (h_{w_1})_a$$

den Kontraktionsverlust für den rechteckigen Stabquerschnitt a.

Für eine Geschwindigkeitshöhe von beispielsweise $\frac{v_1^2}{2g} = 0{,}025$ m ergibt sich aus Abb. 17 für Stabform *a* der Gesamtverlust $(h_w)_a = 29{,}25$ mm und für die Stabform *b*: $(h_w)_b = 22{,}5$ mm; damit findet man den Kontraktionsverlust der Stabform *a* näherungsweise:

$$(h_{w_1})_a \cong 29{,}25 - 22{,}5 = 6{,}75 \text{ mm}.$$

Es wird also für den rechteckigen Stabquerschnitt der Kontraktionsverlust etwa ¼ des Gesamtverlustes.

3. Stabform *c* mit Abrundung an beiden Enden:

$$\beta = 1{,}67.$$

Die Abrundung am hinteren Ende der Rechenstäbe bringt gegenüber der Stabform *b* einen Gewinn, der einer Verminderung des Austrittsverlustes h_{w3} zuzuschreiben ist. Der Gewinn ist allerdings nur unbedeutend, weil die Abrundung am hinteren Stabende so kurz ist, daß die Strömung sich zu früh ablöst.

4. Stabform *d*:

$$\beta = 1{,}035.$$

Die Zuschärfung am Ende der Stäbe bringt eine bedeutende Verminderung des Gesamtverlustes h_w, weil der Mischverlust hinter dem Austritt (h_{w3}) gegenüber den bisherigen Stabformen kleiner geworden ist. Gegenüber Stabform *a* ist der Gesamtverlust auf mehr als die Hälfte zurückgegangen.

5. Die Stabformen *e* und *f* bringen eine weitere Verbesserung der Strömung.

$$\text{Stabform } e : \beta = 0{,}92,$$
$$\text{Stabform } f : \beta = 0{,}76.$$

Die Verminderung der Verluste ist in beiden Fällen einer weiteren Verminderung des Austrittsverlustes zuzuschreiben. Bei der tropfenförmigen Ausbildung des Stabes *f* wird außerdem auch der Kontraktionsverlust am Eintritt bis auf einen vernachlässigbar kleinen Rest verschwunden sein. Der Gesamtverlust der Stabform *f* beträgt nur noch $\sim 1/3$ des Gesamtverlustes des rechteckigen Stabquerschnitts *a*.

In praktischer Hinsicht wird die Ausführung der Formen *d*, *e* und *f* dadurch teuerer, daß besondere Walzen zum Warmwalzen eingeschnitten werden müssen, während die Formen *b* und *c* leicht durch nachheriges Kaltwalzen aus dem rechteckigen Querschnitt *a* hergestellt werden können. Die Kosten der Stabformen *d*, *e* und *f* werden aber sofort geringer, wenn man eine dieser Stabformen als normales Rechenprofil für alle Anlagen verwendet, so daß eine Massenherstellung möglich ist.

Gegen die tropfenförmige Ausbildung der Rechenstäbe (Stabform *f*) läßt sich noch einwenden, daß die engste Stelle des Kanals zwischen zwei Stäben ziemlich weit innen liegt, so daß ein Verstopfen des Rechens durch Treibgut leichter eintreten kann als bei anderen Stabformen, deren engste Kanalstelle am Rechenanfang liegt[1]). Auch die Reinigung eines solchen Rechens mit tropfenförmigen Stäben wird dadurch etwas erschwert.

Man wird deshalb in vielen Fällen die Form *e* bevorzugen, die diesen Nachteil nicht aufweist, zumal auch der Verlust in diesem Falle nur unwesentlich größer ist als bei den Stäben *f*.

Aus den bisherigen Betrachtungen geht hervor, daß man durch Anwendung profilierter Stabformen eine bedeutende Verminderung der Verluste erzielen kann. Dies ist besonders wichtig, wenn der Rechen durch Treibgut stark verlegt ist. In einem solchen Falle ist es wünschenswert, daß in dem noch vorhandenen freien Querschnitt eine möglichst gute Strömung besteht.

Ähnlich liegen die Verhältnisse, wenn man durch Vorschriften der Fischereiverbände gezwungen ist, die lichten Weiten besonders klein zu halten. Ein Vergleich der Abb. 14 u. 17 zeigt,

---

[1]) Aus diesem Grunde wurden gelegentlich Rechenstäbe verwendet, die am vorderen Ende verdickt waren. (Rechenstäbe nach Amme, Giesecke und Konegen, D.R.P.)

daß z. B. die Stabform *f* bei einer Verbauung $\frac{s}{b} = 1:1{,}7$ denselben Verlust ergibt wie der Rechen *L* mit rechteckigem Stabquerschnitt, dessen Verbauung $\frac{s}{b} = 1:4$ ist. Wenn also in beiden Fällen die Stabdicke $s = 10$ mm ist, so kann bei der Stabform *f* die lichte Weite $b = 17$ mm betragen, wenn der Verlust nicht größer sein soll als bei einem Rechen von rechteckigem Querschnitt und $b = 40$ mm lichter Weite.

6. Für den runden Stab (Stabform *g*) wird:

$$\beta = 1{,}79.$$

Die Verluste kommen ungefähr denen des vorne gerundeten Stabes *b* gleich, wenn der Durchmesser der runden Stäbe gleich der Dicke *s* der Stabform *b* ist.

Hinsichtlich der Festigkeit gegen den Wasserdruck, auf die es z. B. im Hinblick auf die Möglichkeit einer Vereisung ankommt, ist das runde Profil dem rechteckigen weit unterlegen und wird deshalb in der Praxis nur sehr selten verwendet.

Es liegt nahe, auf die Rechen mit runden Stäben die Ergebnisse anzuwenden, die man bei der Bestimmung des Widerstandes von Zylindern im unbegrenzten Flüssigkeitsstrom gefunden hat.

Ist die angeströmte Fläche *F*, die spez. Masse $\varrho = \frac{\gamma}{g}$ und die Zuströmgeschwindigkeit v_1, so wird der Widerstand

$$W = c_w \cdot \varrho \cdot F \cdot v^2; \quad \text{wo } c_w = f(R_e).$$

Für einen Rechen mit einem Stabdurchmesser $d = 10$ mm, einer lichten Weite $b = 17$ mm und einer Teilung $B = 27$ mm wird z. B. bei einer Wassertiefe $h_1 = 1030$ mm und einer Zuströmgeschwindigkeit $v_1 = 0{,}688$ m/s die Reynolds'sche Zahl

$$R_e = \frac{\varrho \cdot v_1 \cdot d}{\eta} = \frac{102 \cdot 0{,}688 \cdot 0{,}01}{0{,}0001} \cong 7000.$$

Für Werte R_e zwischen 10^3 und 10^4 wird

$$c_w \cong 0{,}5$$

und damit der Widerstand

$$W = 0{,}5 \cdot 102 \cdot 1{,}03 \cdot 0{,}01 \cdot 0{,}688^2 = 0{,}249 \text{ kg}.$$

Nach Früherem (s. S. 28) findet man daraus den Druckhöhenverlust

$$h_w = \frac{W}{B \cdot \gamma \cdot h_1} = \frac{0{,}249}{0{,}027 \cdot 1000 \cdot 1{,}03} = 0{,}00895 \text{ m} \cong 9 \text{ mm}.$$

Aus den Versuchen ergab sich für obige Verhältnisse ein Verlust

$$h_w = 21{,}5 \text{ mm},$$

hinter dem der Wert der Rechnung wesentlich zurückbleibt.

Setzt man an Stelle der Zuströmgeschwindigkeit v_1 die Geschwindigkeit zwischen den Rechenstäben, auf die es hier hauptsächlich ankommt:

$$v'' = v_1 \cdot \frac{B}{b} = 0{,}688 \cdot \frac{27}{17} = 1{,}093 \text{ m/s},$$

so wird die Reynolds'sche Zahl

$$R_e \cong 7000 \cdot \frac{27}{17} \cong 11000.$$

Der Beiwert c_w wird dabei nur unwesentlich verändert. Es folgt damit

$$W = 0{,}628 \text{ kg}$$

und $h_w = 0{,}0226$ m $= 22{,}6$ mm, ein Wert, der mit dem experimentell ermittelten Verlust recht gut übereinstimmt.

Die Erfassunp der Verluste durch einen Ansatz

$$\begin{cases} W = c_w \cdot \varrho \cdot F \cdot v^2 \\ h_w = \dfrac{W}{B \cdot \gamma \cdot h_1} \end{cases}$$

könnte natürlich auch für jede beliebige andere Stabform geschehen. Der Beiwert c_w läßt sich leicht aus den Versuchsergebnissen ermitteln.

Man darf aber nicht übersehen, daß es sich dabei um die Übertragung einer Beziehung handelt, die streng genommen nur für einen Körper im unendlichen Flüssigkeitsstrom gilt, während diese Bedingung bei den geprüften Rechen nicht erfüllt ist.

Außerdem läßt der Ansatz nicht mit der wünschenswerten Einfachheit die Abhängigkeit des Rechenverlustes von den geometrischen Abmessungen des Rechens erkennen.

Mit den behandelten Profilen ist natürlich die Fülle der möglichen Formen keineswegs erschöpft, aber es werden andere Formen mehr oder weniger einem der untersuchten Profile gleichen, so daß man auch dann die zu erwartenden Verluste ohne großen Fehler angeben kann.

In einigen Anlagen, meist älterer Bauart, findet man Rechen aus Winkeleisen, Eisenbahnschienen u. ä., deren Verluste natürlich recht erheblich sein können. Es sind solche Ausführungen aber als Ausnahmen zu betrachten, weshalb von einer näheren Untersuchung abgesehen wurde.

Faßt man die Ergebnisse der 2. Versuchsreihe kurz zusammen, und legt man für die Erfassung des Gefällverlustes den Ansatz

$$h_w = \beta \cdot \left(\frac{s}{b}\right)^{\frac{4}{3}} \cdot \frac{v_1^2}{2g}$$

zugrunde, so folgt:

Stabform:	Beiwert:	Verlust:	
a	$\beta = 2{,}42$	$(h_w)_a$	
b	$\beta = 1{,}83$	$(h_w)_b = 0{,}77 \cdot (h_w)_a$	$\sim \frac{3}{4} \cdot (h_w)_a$
c	$\beta = 1{,}67$	$(h_w)_c = 0{,}73 \cdot (h_w)_a$	
d	$\beta = 1{,}035$	$(h_w)_d = 0{,}43 \cdot (h_w)_a$	$\sim \frac{1}{2} \cdot (h_w)_a$
e	$\beta = 0{,}92$	$(h_w)_e = 0{,}38 \cdot (h_w)_a$	$\sim \frac{1}{3} \cdot (h_w)_a$
f	$\beta = 0{,}76$	$(h_w)_f = 0{,}32 \cdot (h_w)_a$	
g	$\beta = 1{,}79$	$(h_w)_g = 0{,}75 \cdot (h_w)_a$	$= \frac{3}{4} \cdot (h_w)_a$.

VII. Untersuchungen über die Änderung der Verluste bei geometrisch ähnlicher Veränderung der Stabquerschnitte.

(4. Versuchsreihe s. S. 26.)

Aus der Beziehung

$$h_w = \beta \cdot \left(\frac{s}{b}\right)^{\frac{4}{3}} \cdot \frac{v_1^2}{2g}$$

ergibt sich, daß h_w nur von dem Verhältnis $\frac{s}{b}$ abhängt, solange v_1 konstant bleibt und dieselbe Rechenform beibehalten wird (β = konst.).

Der Versuch bestätigt, daß die Stabdicke s selbst keinen Einfluß auf die Verluste hat, solange $\frac{s}{b}$ sich nicht ändert.

In der 4. Versuchsreihe wurden zwei Rechen geprüft, die dasselbe Verhältnis $\frac{s}{b} = 0{,}588$ hatten. Der eine Rechen hatte 11 Stäbe mit einer Stabdicke $s = 10$ mm und eine lichte Weite $b = 17$ mm, bei dem andern waren nur 5 Stäbe im Gerinne mit $s = 22$ mm und $b = 37{,}5$ mm; beide Rechen hatten rechteckigen Querschnitt mit $l = 50$ mm.

Wie Abb. 18 zeigt, sind die Verluste in beiden Fällen dieselben. Dieses Ergebnis ist nicht überraschend, denn die 4. Versuchsreihe hängt mit der 3. Versuchsreihe $\left(\text{Änderung der Querschnittslänge } l \text{ bei konstantem } \frac{s}{b}\right)$ eng zusammen. Solange sich nämlich $\frac{s}{l}$ nicht ändert, sind die Rechen ähnlich.

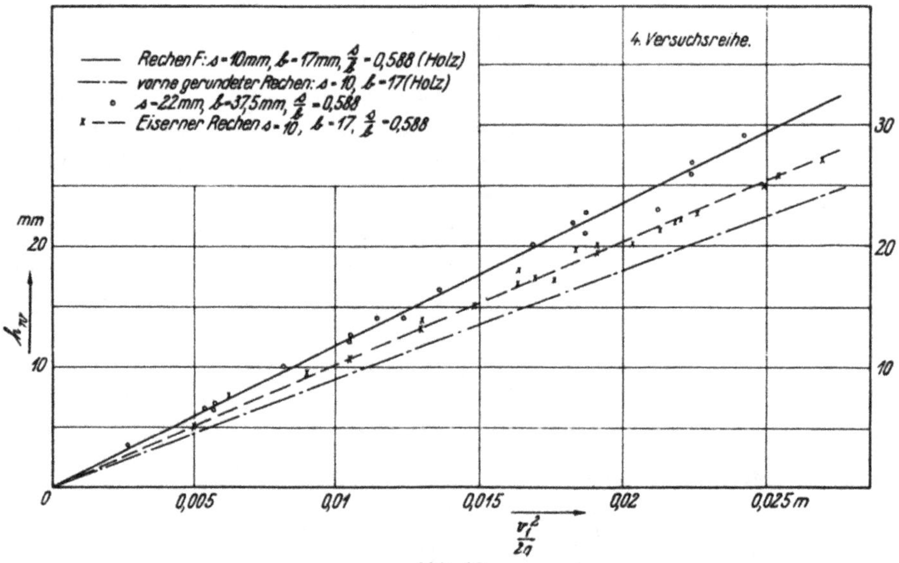

Abb. 18.

Bei den Versuchen mit verschiedenen Querschnittslängen l wurden drei Stäbe geprüft:

1) $s = 10$ mm; $l = 100$ mm; $\frac{s}{l} = 0{,}1$

2) $s = 10$ mm; $l = 50$ mm; $\frac{s}{l} = 0{,}2$

3) $s = 10$ mm; $l = 25$ mm; $\frac{s}{l} = 0{,}4$.

Der neu untersuchte Rechen mit $s = 22$ mm und $l = 50$ mm hat ein Verhältnis $\frac{s}{l} = \frac{22}{50} = 0{,}44$ und würde deshalb in der 3. Versuchsreihe einem Rechen mit $s = 10$ mm Stabdicke und $l = 22{,}7$ mm Querschnittslänge entsprechen, also nahezu mit dem Rechen 3) ähnlich werden. Sieht man von dem kleinen Unterschied hierbei ab, so kann man den Rechen mit $s = 22$ mm und $l = 50$ mm aus dem Rechen 3) ($s = 10$ mm; $l = 25$ mm) durch Änderung des Maßstabes bei konstantem $\frac{s}{b}$ erhalten.

Da sich bei der Änderung der Querschnittslänge l, wie erwähnt, keine wesentlichen Unterschiede in den Verlusten ergeben haben, war auch zu erwarten, daß eine Maßstabsänderung keinen Einfluß hat.

Der Versuch bestätigt ferner, daß der Verlust durch Oberflächenreibung h_{w2} vernachlässigbar klein ist, denn obgleich der eine Rechen ($s = 10$ mm) 11 Stäbe mit 22 bespülten Oberflächen hatte, gegenüber 10 beim andern Rechen ($s = 22$ mm; 5 Stäbe), läßt sich kein Unterschied in den Verlustkurven feststellen.

VIII. Vergleich zwischen einem Holzrechen und Eisenrechen.

Die zu den Versuchen verwendeten rechteckigen Rechenstäbe aus Holz waren scharfkantig und hatten sehr glatte Oberflächen. Die in der Praxis hauptsächlich verwendeten eisernen Rechenstäbe mit rechteckigem Querschnitt sind nicht bearbeitet, die Oberfläche ist rauher als bei den zu den Versuchen verwendeten Holzrechen und vor allem sind die Kanten nicht scharf, sondern zeigen Abrundungen von 1 bis 2 mm Rundungsradius.

Die Ergebnisse der Gegenüberstellung eines Rechens aus genau gearbeiteten rechteckigen Holzstäben mit einem Rechen aus Eisenstäben gewöhnlicher Beschaffenheit zeigen (s. Abb. 18), daß die Verluste des eisernen Rechens etwas kleiner sind als die des Holzrechens. Dies ist in der Hauptsache darauf zurückzuführen, daß die wenn auch kleinen Abrundungen der Eisenstäbe an den Eintrittskanten eine Verminderung des Kontraktionsverlustes ergeben.

Durch eine annähernde Interpolation zwischen den Versuchen mit scharfen und mit stark abgerundeten Eintrittsenden folgt, daß bei genau gleicher Querschnittsform der Stäbe die Verluste bei beiden Rechen nahezu dieselben sein würden, so daß man den Einfluß der Oberflächenbeschaffenheit als gering ansehen und die Ergebnisse der Versuche an Rechen aus Holzstäben ohne Änderung auch auf die in der Praxis üblichen Rechen mit eisernen Stäben anwenden kann.

Die Verluste werden beim eisernen Rechen auch nur wenig größer ausfallen, wenn die Rauhigkeit der Stäbe durch Ansatz von Rost im Laufe der Zeit größer geworden ist.

IX. Der Einfluß der Schrägstellung.

(5. Versuchsreihe, s. S. 26.)

Um die Reinigung des Rechens von Treibgut zu erleichtern, wird er im allgemeinen nicht vertikal, sondern geneigt aufgestellt. Die Neigung gegen die Horizontale beträgt gewöhnlich etwa 60°.

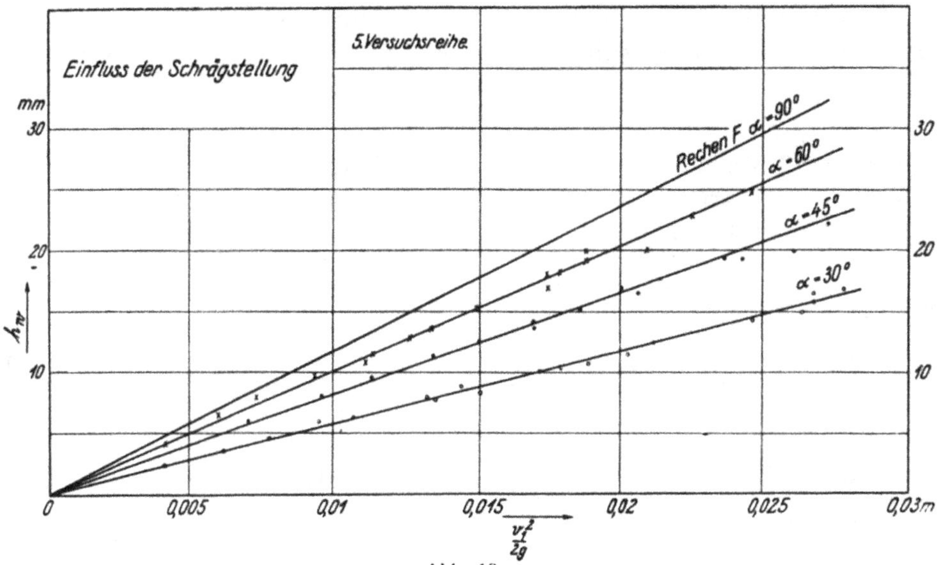

Abb. 19.

Die Frage, ob die Schrägstellung des Rechens einen Einfluß auf die Größe des Gefällsverlustes hat, ist umstritten. So sagt z. B. Rümelin[1]):

„Ein viel verbreiteter Irrtum bei Rechenanordnungen ist die Meinung, als ob der schiefere Rechen gegenüber dem weniger geneigten an Gefällsverlust etwas erspare. Die Summe des Ge-

[1]) Rümelin, Wasserkraftanlagen, Band II, S. 110 f.

fällsverlustes ist für ein und dieselbe Kanalbreite stets gleich groß, ob der Rechen mehr oder weniger schief oder gar senkrecht zur Kanalachse liegt. Die Schieflegung hat aber praktische Gründe. Im Aufriß muß sie stattfinden, weil die Reinigung erleichtert wird, und im Grundriß ist eine geringe Neigung zu dem Zweck nützlich, weil bei der Ablenkung der Wasserströmung aus ihrer Richtung das Schwimmzeug an den Rechenstäben hängen bleibt und nicht so leicht durchgerissen wird. . . . ."

Die Untersuchungen erstrecken sich hier nur auf solche Rechen, die im Aufriß (gegen die Vertikale) geneigt sind. Je schiefer hierbei der Rechen gestellt ist, desto größer wird die Fläche, die dem Wasser zum Durchfluß zur Verfügung steht, sie nimmt umgekehrt proportional dem Sinus des Neigungswinkels α zu. Würde das Wasser überall senkrecht zum Rechen hindurchgehen, so müßte gegenüber dem vertikal stehenden Rechen die Durchtrittsgeschwindigkeit mit $\sin\alpha$ und damit der Rechenverlust mit $\sin^2\alpha$ abnehmen.

Die Versuche, die mit Neigungswinkeln 30°, 45° und 60° durchgeführt wurden, zeigen, daß der Verlust nicht mit $\sin^2\alpha$, sondern nur mit $\sin\alpha$ zurückgeht; der Ansatz für die Ermittlung des Gefällsverlustes bei schräg gestellten Rechen lautet daher

$$h_w = \beta \cdot \left(\frac{s}{b}\right)^{\frac{4}{3}} \cdot \frac{v_1^2}{2g} \cdot \sin\alpha.$$

Der Gewinn durch die Schrägstellung ist immerhin recht beträchtlich, aber man muß auch bedenken, daß die Stäbe länger und deshalb teurer werden als bei vertikal stehenden Rechen.

X. Schlußbetrachtung.

Wie schon eingangs erwähnt, sind die Angaben, die sich über Rechen in der Literatur finden, nur spärlich, und man findet nur wenig Ansätze, die zu einer rechnungsmäßigen Bestimmung der Verluste dienen können. Vergleicht man nun diese Ansätze mit den Ergebnissen der durchgeführten Versuche, so findet man teilweise recht erhebliche Abweichungen.

Im Buch von Escher[1]) findet sich für rechteckige Stabquerschnitte ein Ansatz

$$h_v = h_{v_1} + h_{v_2} = \frac{s}{t} \cdot \frac{c^2}{2g} + \left(\frac{s}{t-s}\right) \cdot \frac{c^2}{2g}.$$

Dabei bedeutet: h_v den Gesamtverlust (h_w), h_{v1} den Eintritts- und h_{v2} den Austrittsverlust; s ist die Stabdicke, t die Teilung (B) und c die Zuströmgeschwindigkeit (v_1).

Für einen Rechen mit $s = 10$ mm und $t = 27$ mm } Rechen F der 1. Versuchsreihe

wird nach dieser Formel für $\frac{c^2}{2g} = 0{,}0255$ m:

$$h_v = \frac{10}{27} \cdot 0{,}0255 + \left(\frac{10}{27-10}\right) \cdot 0{,}0255 = 0{,}0255 \left(\frac{10}{27} + \frac{10}{17}\right) = 0{,}0255 \cdot 0{,}958 = 0{,}0244 \text{ m} \cong 24{,}5 \text{ mm}.$$

während der Versuch für dieselben Bedingungen einen Verlust von 30 mm ergibt.

Analog wird für $\frac{c^2}{2g} = 0{,}0255 \text{ m} \equiv \frac{v_1^2}{2g}$ bei den andern Rechen:

Rechen	s (mm)	b (mm)	$t = B$ (mm)	hv (mm) nach Escher	hw (mm) tatsächlich
A	10	8,7	18,7	43	74,5
D	10	13	23	31	44
J	10	27	37	16,35	16,5
M	10	49,5	59,5	9,45	7,25

[1]) Escher-Dubs: Die Theorie der Wasserturbinen, 3. Aufl., S. 141.

Die Formel von Escher gibt also für Rechen mit eng gestellten Stäben den Verlust zu klein, für Rechen mit weit gestellten Stäben dagegen den Verlust zu groß an.

Die Formel berücksichtigt außerdem nicht den Einfluß der Stabform und der Schrägstellung.

Die Abweichungen von den wirklichen Werten sind bei den hauptsächlich verwendeten Rechen (Lichtweiten $b > 20$ mm) allerdings nur gering, so daß der Ansatz von Escher für Überschlagsrechnungen recht brauchbar ist.

Weit größere Abweichungen ergibt dagegen die gelegentlich zur Ermittlung von Rechenverlusten angewandte Formel für den Grundablaß in ihrer vereinfachten Form:

$$Q = \mu \cdot b \cdot \sqrt{2g \cdot h_w} \cdot \left[\frac{2}{3} \cdot h_w + (h_1 - h_w)\right],$$

wobei h_1 die Wassertiefe vor dem Rechen bedeutet. Dividiert man die Gleichung mit $B \cdot h_1$, so folgt:

$$\frac{Q}{B \cdot h_1} = \mu \cdot \frac{b}{B \cdot h_1} \cdot \sqrt{2g \cdot h_w} \cdot \left[\frac{2}{3} \cdot h_w + (h_1 - h_w)\right]; \text{ oder:}$$

$$v_1 = \mu \cdot \frac{b}{B \cdot h_1} \cdot \sqrt{2g \cdot h_w} \cdot \left[h_1 - \frac{1}{3} \cdot h_w\right].$$

Für einen rechteckigen Stabquerschnitt wird gewöhnlich $\mu = 0{,}6$ gesetzt. Legt man wieder den Rechen F zugrunde mit $b = 17$ mm und $B = 27$ mm, für den bei einer Wassertiefe $h_1 = 1{,}055$ m die Geschwindigkeit zu $v_1 = 0{,}7065$ m/s ermittelt wurde, so ergibt sich:

$$0{,}7065 = 0{,}6 \cdot \frac{17}{27 \cdot 1{,}055} \cdot 4{,}43 \cdot h_w^{1/2} \cdot \left[1{,}055 - \frac{1}{3} \cdot h_w\right]$$

$$1{,}055 \cdot h_w^{1/2} - \frac{1}{3} \cdot h_w^{3/2} = 0{,}446 = f(h_w).$$

$h_w =$	0,1 m	0,2 m
$1{,}055 \cdot h_w^{1/2} =$	0,3335	0,4715
$\frac{1}{3} \cdot h_w^{3/2} =$	0,0105	0,0298
$f(h_w) =$	0,323	0,442.

Der Verlust wird also etwa 200 mm, während der Versuch für denselben Fall nur einen Verlust von 30 mm ergibt. Dieser Vergleich zeigt, daß die Formel für den Grundablaß zur Ermittlung der Rechenverluste ganz unbrauchbar ist.

Versuche zur Bestimmung der Energieverluste bei plötzlicher Rohrerweiterung.

Von Dipl.-Ing. Hermann Schütt.

In allen Wasserkraft- und Wasserversorgungsanlagen spielen die allgemein als Stoßverluste bekannten Verluste an Strömungsenergie eine bedeutende Rolle. Da bisher nur wenig Versuche ausgeführt worden sind, die eine sichere Grundlage bieten können für die Beurteilung aller rein theoretischen Betrachtungen über diesen Gegenstand, schien es wünschenswert, diese Energieverluste in dem besondern Fall einer plötzlichen Querschnittserweiterung einer geschlossenen Rohrleitung näher zu untersuchen mit dem engeren Zwecke, die Anwendbarkeit der Carnotschen Formel zu prüfen.

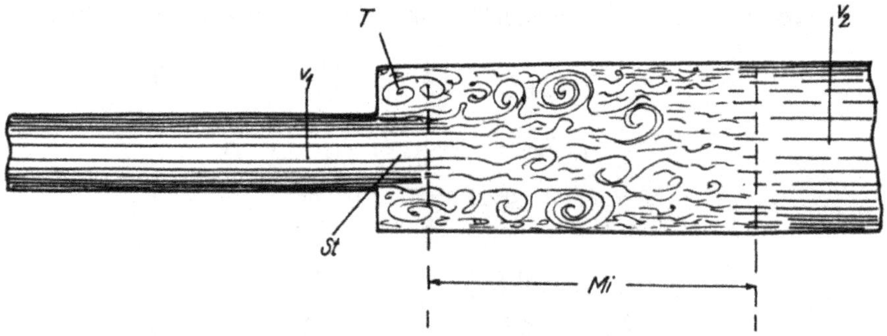

Abb. 1.

Bei einer plötzlichen Querschnittserweiterung einer geschlossenen Rohrleitung (Abb. 1) löst sich der mit der größeren Geschwindigkeit v_1 aus dem engeren Rohr austretende Strahl (*St*) von der führenden Rohrwand ab. Es bildet sich in dem erweiterten Rohr ein sog. „Totwasserraum" (*T*), in dem sich zirkular bewegtes Wasser befindet. Der Strahl selbst zerfällt nach und

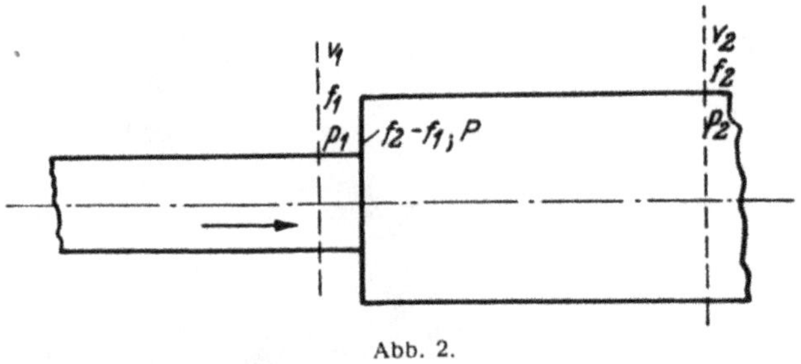

Abb. 2.

nach in wirbelbewegte Teilchen, die sich mit den übrigen langsamer fließenden Wasserteilchen mischen und so einen Geschwindigkeitsausgleich auf die Geschwindigkeit v_2 herbeiführen. Dieser Mischvorgang erstreckt sich über einen längeren Bereich (*Mi*) des Strömungsweges.

Es ist unmöglich, den Bewegungsvorgang der Flüssigkeitsteilchen während der Mischung zu verfolgen. Unter bestimmten Annahmen läßt sich jedoch eine summarische Behandlung dieses Strömungsvorganges vornehmen und eine Gleichung für den auftretenden Energieverlust gewinnen.

Man betrachtet dazu einerseits den Strömungszustand in einem vor der Erweiterung liegenden Querschnitt (*I*) und anderseits in einem hinter der Erweiterungsstelle liegenden Querschnitt (*II*), der aber so weit von der Störungsstelle entfernt liegt, daß der Mischvorgang schon vorher als beendet angesehen werden kann. Der Energieverlust zwischen den beiden Querschnitten ist dann:

$$h_v = H_1 - H_2,$$

worin mit den Bezeichnungen der Abb. 2 zu setzen ist:

$$H_1 = \frac{v_1^2}{2g} + \frac{p_1}{\gamma} + h_1$$

$$H_2 = \frac{v_2^2}{2g} + \frac{p_2}{\gamma} + h_2.$$

Sieht man von der Gewichtswirkung ab, was infolge der vollständigen Füllung der Rohre ohne weiteres zulässig ist, so erhält man:

$$h_v = \frac{v_1^2 - v_2^2}{2g} + \frac{p_1 - p_2}{\gamma}.$$

Außerdem gewinnt man aus dem Impulssatz:

$$f_2 \cdot p_2 - f_1 p_1 - (f_2 - f_1) \cdot p = m(v_1 - v_2),$$

worin m die Durchflußmasse in der Zeiteinheit bezeichnet. Also ist:

$$m = \frac{f_2 v_2 \cdot \gamma}{g}.$$

Nimmt man nun an, daß der Druck im oben als Totwasserraum gekennzeichneten Bereich, und zwar insbesondere an der durch die beiden Rohrmäntel ausgeschnittenen Ringfläche gleich dem Druck im engen Rohr ist, also $p = p_1$, so entsteht:

$$f_2(p_2 - p_1) = \frac{f_2 v_2 \gamma}{g}(v_1 - v_2)$$

$$\frac{p_2 - p_1}{\gamma} = \frac{v_2(v_1 - v_2)}{g}$$

$$\frac{p_2 - p_1}{\gamma} = \frac{v_1^2 - v_2^2}{2g} - h_v$$

$$h_v = \frac{v_1^2 - v_2^2}{2g} - v_2\frac{(v_1 - v_2)}{g}$$

$$= \frac{v_1^2 - v_2^2 - 2v_2 v_1 + 2v_2^2}{2g}$$

$$= \frac{(v_1 - v_2)^2}{2g}.$$

Diese Gleichung ist die bekannte Borda-Carnotsche Formel für den Energieverlust bei plötzlicher Rohrerweiterung.

Versuche, die 1907 von H. Baer[1]) durchgeführt worden sind, zeigen eine bedeutende Abweichung von den nach der obigen Formel ermittelten Verlusten; und man scheint auf Grund dieser Versuche noch in den neuesten Lehrbüchern der Hydraulik, in denen es sich meistens darum handelt, praktisch verwertbare Formeln für die Strömungsvorgänge zu gewinnen, sich veranlaßt zu sehen, diese Stoßverluste darzustellen durch eine Gleichung

$$h_v = \xi \frac{(v_1 - v_2)^2}{2g},$$

worin ξ als ein zwischen 1,1—1,2—1,3 liegender Beiwert angegeben wird.

Zunächst kann man sich schwer mit dieser ungenauen Bestimmung des Koëffizienten zufrieden geben; weiter vermag man nicht zu erkennen, daß die bei der Entwicklung der Carnot-

[1]) Vgl. Dingler, Polytechnisches Journal, Jahrg. 1907, S. 177.

schen Formel gemachte Annahme eine derartig große Abweichung bedingt. Diese Erwägungen waren der Anlaß zu den vorliegenden Versuchen.

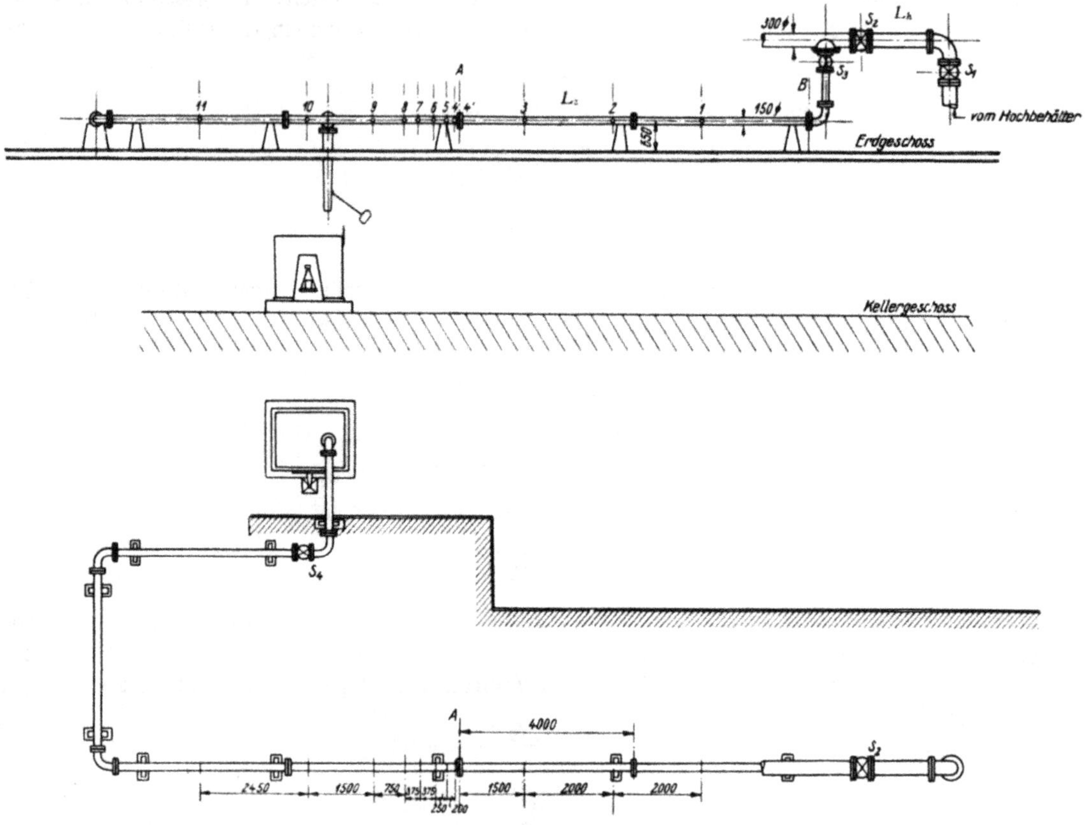

Abb. 3.

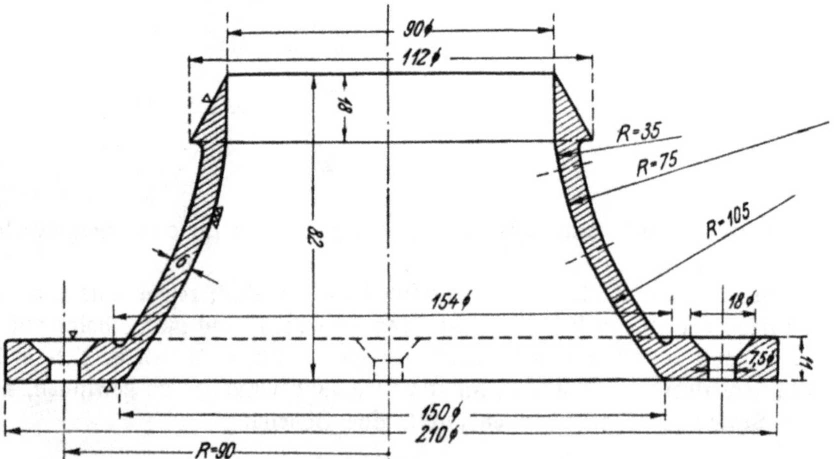

Abb. 4.

In der Abb. 3 ist die Versuchsanordnung maßstäblich dargestellt. Das Wasser wird durch die Hauptleitung L_h dem Hochbehälter des Instituts entnommen, der von einer Zentrifugalpumpe gespeist wird und dessen konstruktive Durchbildung ein konstantes Gefälle für die Versuche gewährleistet. An die Hauptleitung ist eine Zweigleitung L_z aus nahtgeschweißten Blechrohren von 150 mm lichter Weite ($D = 150$ mm) angeschlossen. Die Wassermenge kann durch zwei Absperrschieber S_1 und S_2 in der Hauptleitung und dem Schieber S_3 in der Versuchsleitung eingestellt werden. Um eine möglichst ruhige Strömung zu erzielen, erwies es sich als zweckmäßig, die Drosselung im Zulauf auf diese drei Schieber ungefähr gleichmäßig zu verteilen. Zur Regelung des Druckes in der Versuchsleitung befindet sich kurz vor dem Abfluß zum Meßgefäß ein Drosselschieber S_4 derselben Art. Hinter dem Schieber S_3, bei B, ist ein Stück perforiertes Eisenblech als Beruhigungssieb eingelegt. In einiger Entfernung hiervon, wo schon ein gleichmäßigerer Strömungszustand erwartet werden kann, beginnt die eigentliche Versuchsstrecke mit den Meßstellen 1 bis 11. In der Mitte, bei A, ist eine Düse eingebaut, die den Strömungsquerschnitt verengt und so den gewünschten Strömungsvorgang liefert. Abb. 4 zeigt eine der ausgeführten Düsen, und Abb. 6 bringt sie in ihrer versuchsfertigen Anordnung zwischen den Rohrflanschen. Die Düse wird auf einen festgeschweißten Flansch konzentrisch zur Rohrachse mit vier Schrauben befestigt. Ferner zeigt dasselbe Bild einen Schnitt durch eine normale Meßstelle (*4*) und die Anordnung der Meßstelle *4'*, die dazu bestimmt ist, den Druck im sog. Totwasserraum anzuzeigen. Die Meßstellen auf der durchgehenden Versuchsstrecke sind so angeordnet, daß insbesondere der Druckverlauf im Mischgebiet festgestellt werden kann.

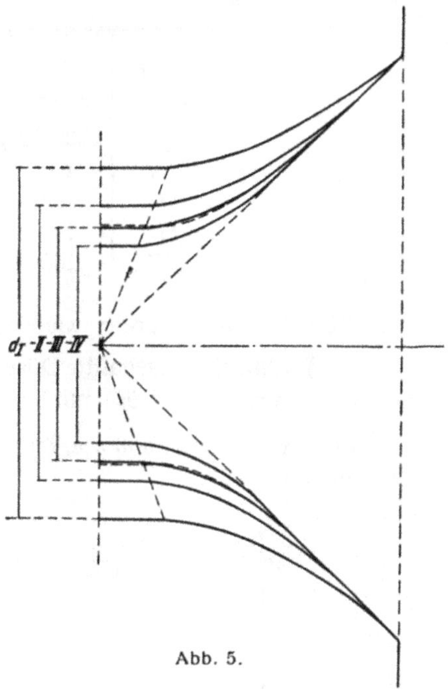

Abb. 5.

Die Bestimmung der Wassermenge erfolgte durch Wägung. Mit einem schwenkbaren Rohransatz konnte das Wasser in das Meßgefäß von etwas über 1 m³ Inhalt gelenkt werden.

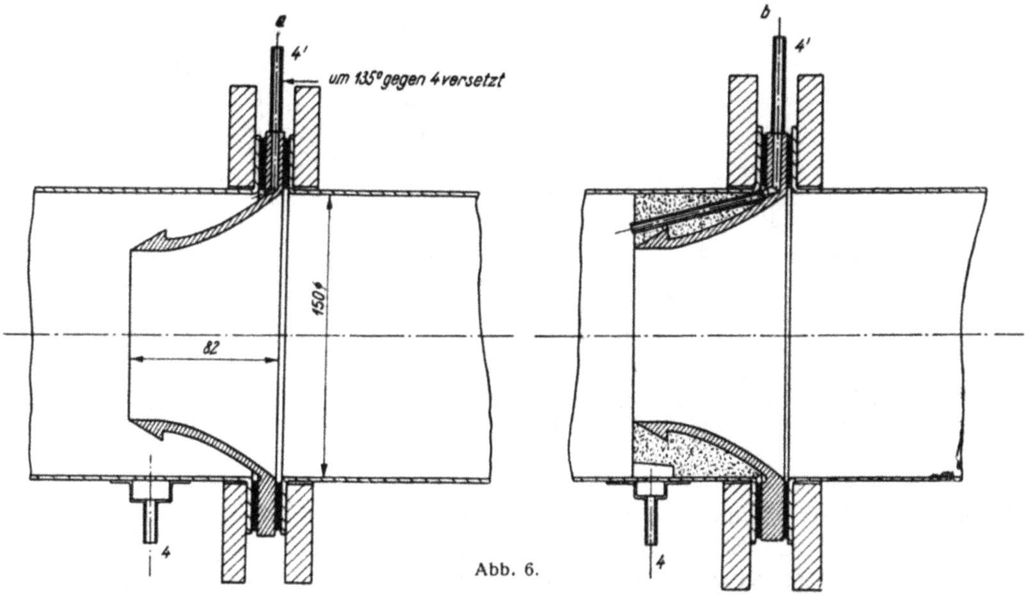

Abb. 6.

Insgesamt wurden Versuche mit vier polierten Messingdüsen ausgeführt, deren Formen so bestimmt waren, daß sie in der Nähe des Mündungsquerschnittes geometrisch ähnlich sind. Die Abb. 5 zeigt diese Düsenformen, deren genaueste Ausführung mit Hilfe der zur Verfügung stehenden, werkstattechnischen Mittel jedoch nicht erreicht wurde. Eine größere Abweichung zeigt z. B. Düse *III*.

Eine kurze Übersicht über die allgemeinen Meßdaten gewährt folgende Tabelle:

Bezeichnung der Düsen	Innendurchmesser des Rohres D in mm	Innendurchmesser der Düsenmündung d in mm	Erweiterungsverhältnis	Gemessen im Geschwindigkeitsbereich im Rohr in m/sec	Gemessen im Geschwindigkeitsbereich in der Düsenmündung in m/sec
I	150	89,95	2,78	0,33 —0,94	0,92—2,60
II	150	69,50	4,66	0,32 —0,91	1,51—4,22
III	150	61,05	6,03	0,232—0,71	1,40—4,25
IV	150	50,75	8,74	0,155—0,48	1,36—4,17

Mit jeder Düse wurden wiederum zwei Arten von Versuchen durchgeführt:

a) Einfach eingebaute Düse (Abb. 6 *a*),

b) eingebaute Düse mit ausgefülltem Düsentotraum (Abb. 6 *b*).

Auf die in der Abb. 6 *b* erkennbare Durchführung der Meßstelle *4'* für Fall *b* sei besonders hingewiesen.

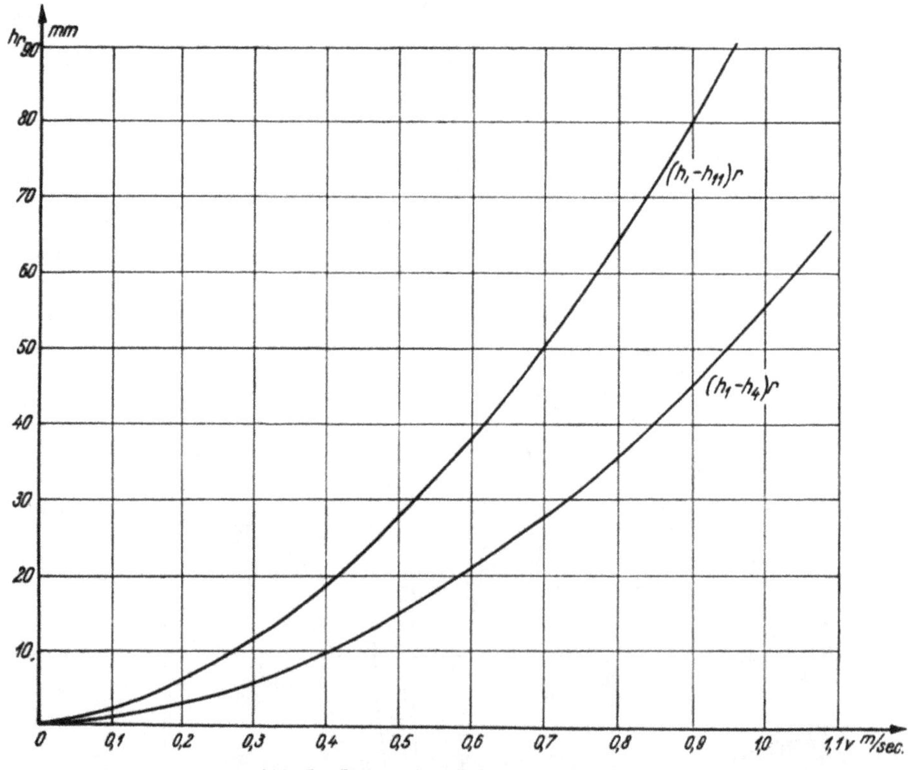

Abb. 7. Reibungskennlinien: $h_r = f(v_2)$.

Strömt nun Wasser durch die Versuchsstrecke, so bestehen zwei Wirkungen, die den Energieverlust hervorrufen: 1. die Einwirkung der reinen Rohrreibung, 2. die der Düse, d. h. die der plötzlichen Querschnittserweiterung. Um diese Verluste voneinander trennen zu können, wurden vor den eigentlichen Versuchen die Reibungsverluste der freien Rohrleitung, also bei Abwesenheit der Düse, innerhalb der für die Versuche in Betracht kommenden Geschwindigkeitsgrenzen bestimmt. Diese Verluste h_r sind in der Abb. 7 in Abhängigkeit von der mittleren Wassergeschwindigkeit v_2 im Rohr graphisch aufgetragen, und zwar für die Teilstrecken 1 bis 4 und 1 bis 11.

Da diese Beobachtungen von allgemeinem Interesse sind, sollen sie hier ausführlicher besprochen werden, als es an sich für die in dieser Arbeit behandelten Fragen notwendig wäre. Auf die Größe der Reibungsverluste ist die Beschaffenheit der Rohrwand von entscheidendem Einfluß. Sie wies bei den verwendeten Rohren einen leicht mit Rost durchsetzten Kalkbelag auf. Um die Unebenheiten der Rohrwand, ihre sog. Rauhigkeit, festzustellen, wurde ein Abdruck hergestellt, der in verschiedenen Schnitten die Beschaffenheit der Oberfläche zu beurteilen gestattet. In den Abbildungen 8 und 9 entspricht der untere (schwarze) Teil der Rohrwand.

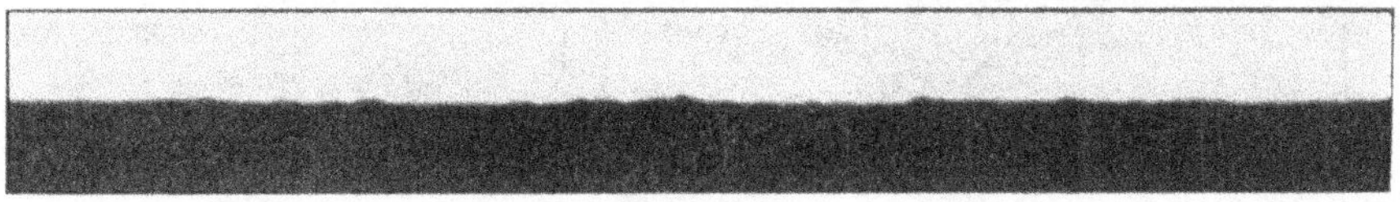

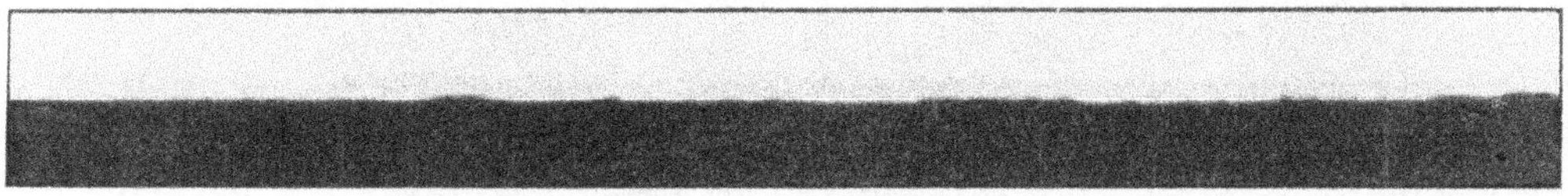

Abb. 8 u. 9. Längsschnitte durch die Rohrwand (4,1-fach vergrößert).

Man pflegt die Reibungsverluste auf einer geraden Rohrstrecke durch die Formel:

$$h_r = \frac{L}{D} \lambda \frac{v_2^2}{2g}$$

auszudrücken, worin:

h_r den Druckverlust in m WS,
L die Länge des Rohrs in m,
D den Durchmesser des Rohrs in m,
v_2 die mittlere Wassergeschwindigkeit im Rohrquerschnitt in m/sec

bedeuten.

Der Beiwert λ ist auf Grund des von Reynolds aufgestellten Ähnlichkeitsgesetzes bei gegebener relativer Rauhigkeit des Rohres eine Funktion der Reynoldsschen Zahl R

$$R = \frac{v D}{\nu},$$

worin ν der kinematische Zähigkeitskoëffizient ist und für Wasser von 10^0 C, wie es den Versuchsfällen entspricht, nach der Gleichung ermittelt werden kann:

$$\nu = \eta \cdot \frac{g}{\gamma} = \frac{0{,}000175}{1 + 0{,}0337\, t + 0{,}00025\, t^2} \cdot \frac{g}{\gamma} \text{ m}^2/\text{sec}$$
$$= 1{,}27 \cdot 10^{-6} \text{ m}^2/\text{sec}.$$

λ wird meistens dargestellt durch ein bereits von Reynolds gefundenes Potenzgesetz der Form:

$$\lambda = c \cdot R^m.$$

Da somit

$$\log \lambda = \log c + m \log R$$

ist, müßte sich, wenn man $\log \lambda$ über $\log R$ aufträgt, für den Fall des Bestehens obiger Gesetzmäßigkeit eine Gerade ergeben. Dies trifft für die vorliegenden Versuchsergebnisse nicht zu (Abb. 10). Den besten Ausgleich gibt noch eine Gerade, wie sie gestrichelt eingetragen ist. Sie entspricht:

$$\lambda = 2{,}39\, R^{-0{,}403}.$$

Wird nun λ anderseits in Abhängigkeit von R aufgetragen (Abb. 11; von 80 Messungen sind einige mittlere Werte eingezeichnet; die Streuung der Versuchswerte war gering), so findet man, daß die Kurve

$$\lambda = 0{,}0214 + \frac{431{,}5}{R}$$

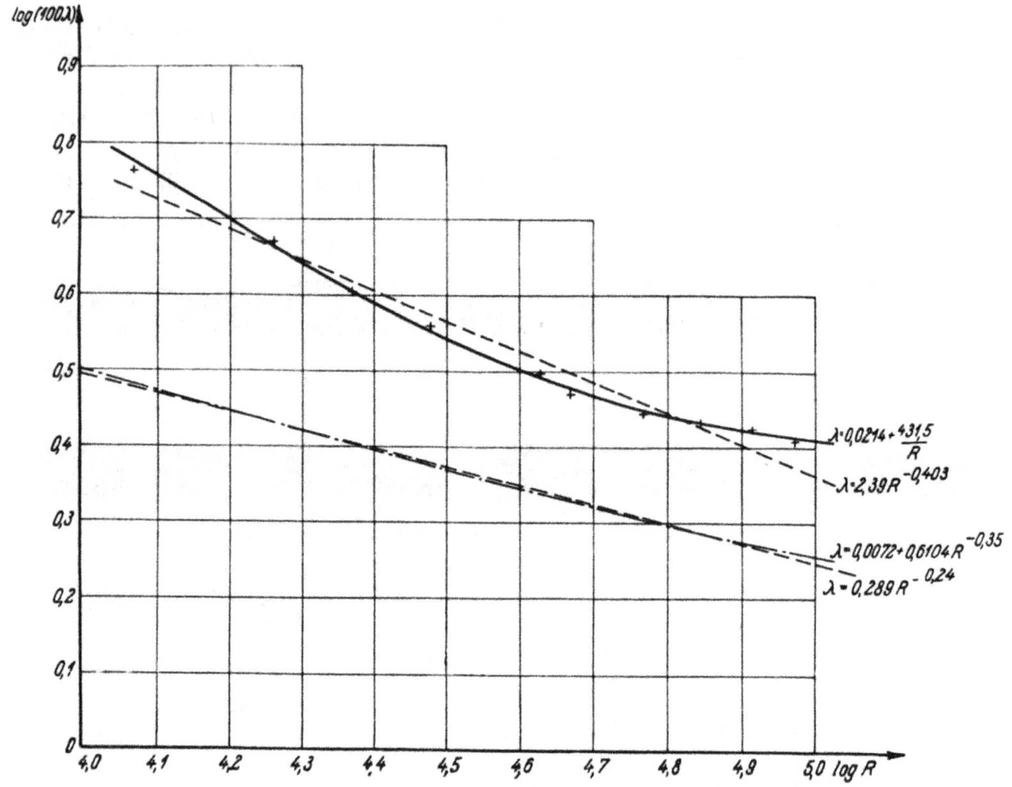

Abb. 10. $\lambda = f(\log R)$; ——— gefundene Kurve; —·—· nach Stanton u. Pannell.

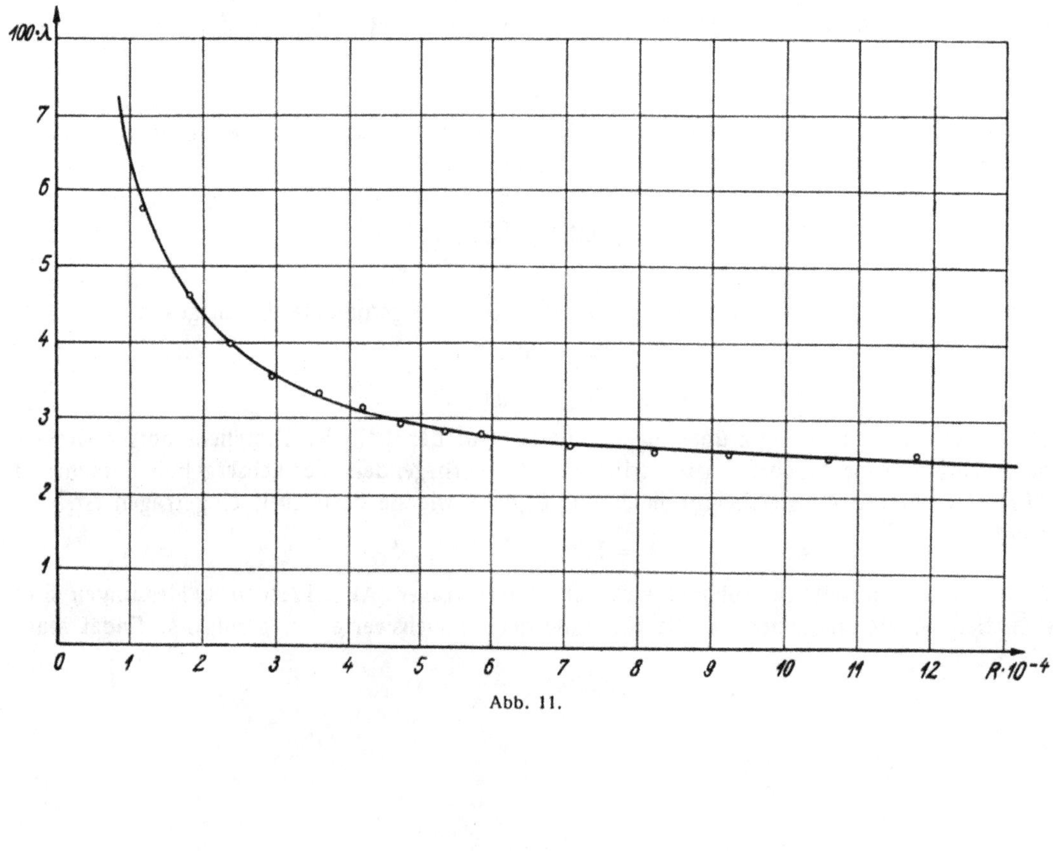

Abb. 11.

sich in dem untersuchten Bereich (R zwischen 12000 und 120000) den Versuchsergebnissen gut anschließt.

In Abb. 10 sind noch vergleichsweise die Versuchsergebnisse, die Stanton und Pannell[1]) mit glatten Rohren erhalten haben, wiedergegeben. Ch. C. Lees[2]) fand für diese Versuche in der Darstellung $\lambda = f(R)$ das Gesetz:

$$\lambda = 0{,}0072 + 0{,}6104\, R^{-0{,}35}.$$

Auch hier hat sich der Reynoldsche Ansatz nicht bestätigt, wenn man auch in diesem Falle die leicht gekrümmte Linie durch eine Gerade:

$$\lambda = 0{,}289\, R^{-0{,}24}$$

ersetzen könnte, ohne allzu große Abweichungen von den wirklichen Versuchsergebnissen zuzulassen, und so das Ergebnis mit den Feststellungen anderer Forscher wie Ombek, Schiller, Jakob und Erk in Einklang bringen könnte. Vielleicht waren auch die Versuchsrohre jener englischen Forscher von etwas anderer Wandbeschaffenheit als die der andern genannten.

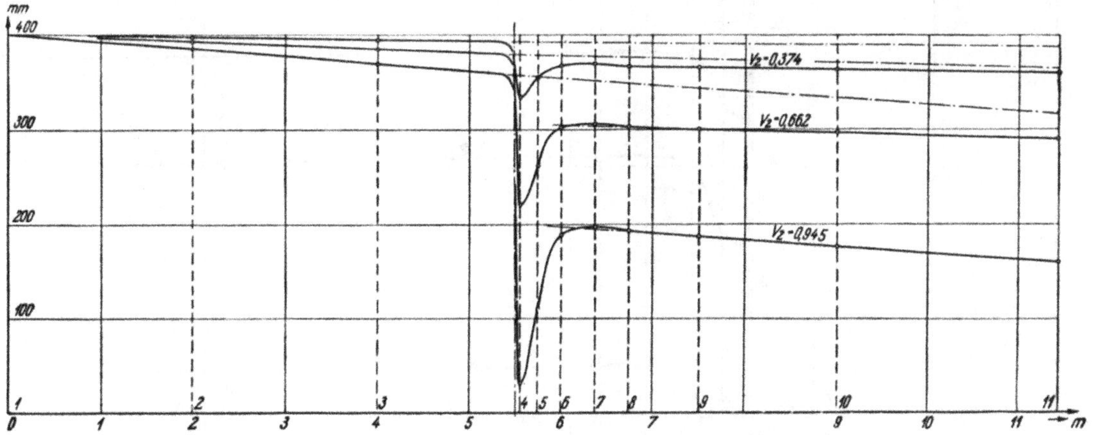

Abb. 12. Verlauf der Druckhöhen; Düse I bei $v_2 = 0{,}374$; 0,662 und 0,945 m/sec.

Erkennt man die Richtigkeit der Beziehung

$$\lambda = f(R)$$

in der einfachen Potenzform für glatte Rohre an, so steht nach diesen Versuchsergebnissen die grundsätzliche Abweichung der Beziehung zwischen λ und R bei glatten und rauhen Rohren oder Rohren mit leichten mineralischen Ablagerungen (als solche könnten die verwendeten Rohre gekennzeichnet werden) fest. Um über den Aufbau der in dem Ausdruck für λ vorkommenden Beiwerte Untersuchungen anstellen zu können, sind Versuche von größerer Mannigfaltigkeit als die vorliegenden nötig. Es sei jedoch auf die Versuche von Fromm[3]) verwiesen, in dessen Feststellungen sich diese Versuchsergebnisse in gewisser Beziehung einreihen lassen.

Die Reibungsverluste wurden vor den Hauptversuchen, zwischen ihnen und nach Abschluß derselben erneut gemessen, um eine etwaige Veränderung der Wandbeschaffenheit nicht unbemerkt bleiben zu lassen. Die Ergebnisse waren aber immer dieselben.

Die dann vorgenommenen Versuche mit den eingebauten Düsen brachten keine besonderen meßtechnischen Schwierigkeiten. Durch wiederholte Ablesungen während ein und desselben Versuches war es möglich, kleine Druckhöhenschwankungen auszugleichen.

Die Abb. 12 u. 13 geben zunächst einen Ausschnitt aus den Versuchen und zeigen den Druckverlauf im Rohr: 1. bei verschiedenen Wassergeschwindigkeiten v_2 für die Düse I (Abb. 12); 2. bei

---

[1]) S. Forschungsarbeiten auf dem Gebiete des Ingenieurwesens, Heft 267 oder T. E. Stanton und J. R. Pannell, Phil. Trans. Roy. Soc. of Lond. A. Bd. 214 (1914) S. 199 u. f.

[2]) Ch. H. Lees, Proc. of Roy. Soc. of Lond. Bd. 91 (1915), S. 46.

[3]) Zeitschr. für angew. Math. u. Phys. (1923) S. 339.

konstanter Wassergeschwindigkeit im Rohr, $v_2 = 0,375$ m pro sec für alle vier Düsen (Abb. 13). Um den Druckverlauf mit dem bei Abwesenheit der Düse bestehenden Verlauf zu vergleichen, sind in den Darstellungen die Reibungskennlinien miteingezeichnet. Man erkennt, daß etwa bei der Meßstelle *8*, also ungefähr in der Entfernung *8D* von der Erweiterungsstelle die Einwirkung der Düse auf den Strömungsverlauf, d. h. also der Mischvorgang, für alle Wassergeschwindigkeiten und bei allen untersuchten Erweiterungsverhältnissen beendet ist, denn die Linie des Druckverlaufes liegt bei allen Versuchen, also auch bei den nicht dargestellten, von der Meßstelle *8* ab genau parallel der Reibungskennlinie. Zu erwähnen ist noch der auch in der Darstellung erkennbare, leicht erhöhte Druckabfall nach dem Geschwindigkeitsausgleich, der auf die erhöhte Wandreibung infolge der noch verhältnismäßig großen Turbulenz zurückzuführen ist.

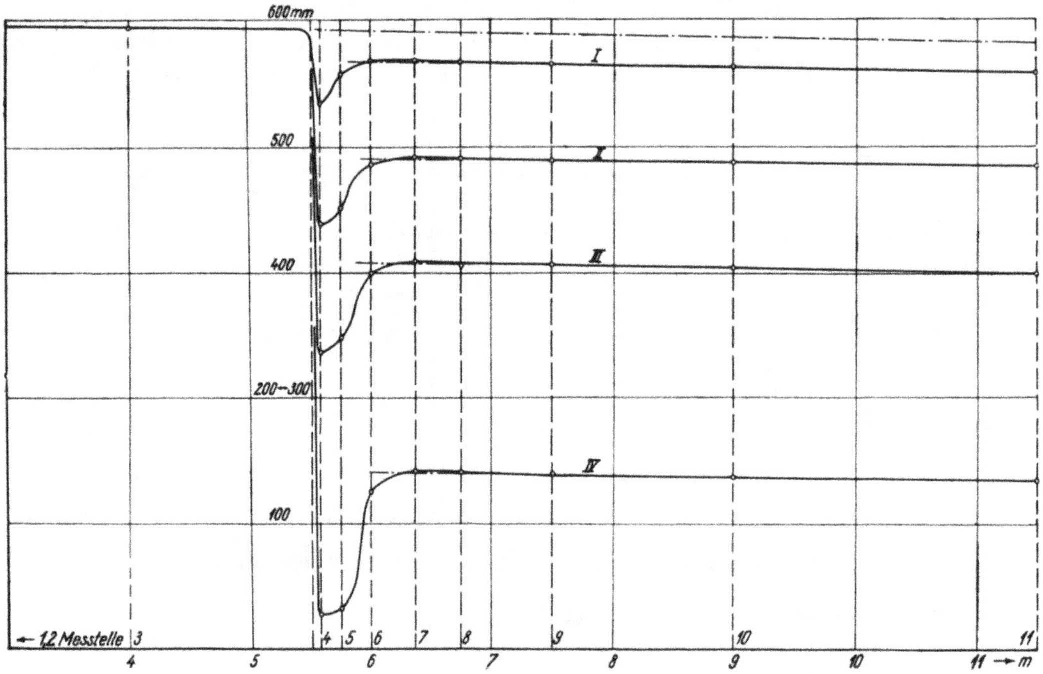

Abb. 13. Verlauf der Druckhöhen; Düse *I*—*IV* bei $v_2 = 0,375$ m/sec = konst.

Nachdem diese Tatsachen den Strömungsverlauf klar haben erkennen lassen, läßt sich die weitere Auswertung der Messungen vornehmen. Mit Rücksicht auf die bisher verwandten Bezeichnungen bedeuten im folgenden:

$(h_1 - h_2)_r$; $(h_1 - h_3)_r$ usw. den Druckabfall infolge reiner Rohrreibung;
$(h_1 - h_2)$; $(h_1 - h_3)$; $(h_1 - h_4)$ usw. den gemessenen tatsächlichen Druckabfall;
h_{wd} die der Wandreibung im Düsenmundstück entsprechende Widerstandshöhe;
h_v die reinen Mischverluste nach der Carnotschen Gleichung;
$h_{v\,(\text{tat})}$ die tatsächlich gefundenen Mischverluste;
f_1 den Düsenmündungsquerschnitt;
f_c einen korrigierten Düsenquerschnitt;
f_2 den Rohrquerschnitt;
v_1' die mittlere Geschwindigkeit im Querschnitt f_1;
v_1 die mittlere Strahlgeschwindigkeit;
v_2 die mittlere Geschwindigkeit im Rohr;
p_1 den Druck im Strahl;
p_2 den Druck im Rohr;
φ_g, φ_q, ζ sind Koeffizienten.

Führt man in die bekannte Düsenausflußformel einen Geschwindigkeitskoeffizienten φ_g ein, so ist

$$v = \varphi_g \cdot \sqrt{2gh} = \sqrt{2gh_1}$$

oder

$$h - h_1 = h_{wd} = \frac{v^2}{2g}\left(\frac{1}{\varphi_g^2} - 1\right)$$

$$h_{wd} = \zeta \frac{v^2}{2g}$$

oder in diesem Falle

$$h_{wd} = \zeta \frac{v_1'^2}{2g},$$

worin v_1' aus der Wassermenge Q in m³/sec berechnet wird:

$$v_1' = \frac{Q}{f_1}.$$

Zur Abschätzung von ζ kann der Ausdruck:

$$h_r = \lambda \cdot \frac{L}{d} \cdot \frac{v^2}{2g}$$

dienen. λ ist im beschleunigten Flüssigkeitsstrom besonders klein, und da es sich außerdem um eine glattpolierte Messingdüse handelt, so sei es zu 0,005 angenommen. $\frac{L}{d}$ wird aus den Abmessungen der Düsen wie folgt geschätzt:

Düse:

$$I \quad \frac{L}{d} = 0{,}75; \qquad h_{wd} = 0{,}0038 \frac{v_1'^2}{2g}$$

$$II \quad \frac{L}{d} = 0{,}9; \qquad h_{wd} = 0{,}0045 \frac{v_1'^2}{2g}$$

$$III \quad \frac{L}{d} = 1{,}05; \qquad h_{wd} = 0{,}0053 \frac{v_1'^2}{2g}$$

$$IV \quad \frac{L}{d} = 1{,}2; \qquad h_{wd} = 0{,}006 \frac{v_1'^2}{2g}.$$

Diese Verluste sind zwar nicht bedeutend; es ist aber zweckmäßig, sie zu berücksichtigen um einen vielleicht feststellbaren Einfluß des Erweiterungsverhältnisses: $\frac{f_2}{f_1}$ auf die Energieverluste klarer beurteilen zu können.

Es ist ferner zu berücksichtigen, daß der austretende Strahl noch eine Kontraktion erleidet, deren Größe aus der gemessenen Durchflußmenge und dem gemessenen Druckabfall an der Düse ermittelt werden kann. Die nachfolgende Entwicklung setzt allerdings voraus, daß der an der Meßstelle *4* gemessene Druck gleich dem Strahldruck ist. Wenn jedoch diese Annahme gemacht wird, so darf nicht unerwähnt bleiben, daß sie mit der zur Ableitung der Carnotschen Gleichung notwendigen Voraussetzung, die eingangs besonders hervorgehoben worden ist und deren Richtigkeit mit dem Nachweis der Gültigkeit der Carnotformel erst bestätigt wird, zusammenfällt. Deshalb kann sie an dieser Stelle nur berechtigt erscheinen mit Rücksicht auf die Tatsache, daß sich auf Grund dieser Annahme für die Verengungskoeffizienten der Düsen durchaus mögliche und gebräuchliche Werte ergeben. [Diese Werte zeigen mehr oder weniger große, unregelmäßige, numerische Abweichungen voneinander, deren Ursache wohl eine ungenaue Werkstattausführung der gezeichneten Düsenform ist (Abb. 5). Es war z. B., wie S. 46 bereits erwähnt, festzustellen, daß bei der Düse *III* das achsenparallele Stück des Düsenmundes länger ausgefallen war, als es angegeben war. Der Kontraktionskoëffizient ergab sich infolgedessen nahezu gleich 1 ($\varphi_q = 0{,}994$).] Mit den Bezeichnungen der Abb. 14, die den Strömungszustand schematisch übertrieben wiedergibt, wäre ohne Berücksichtigung der Reibung:

$$\frac{v_1^2 - v_2^2}{2g} = \frac{p_2 - p_1}{\gamma}$$

oder bei Beachtung der Reibungsverluste:

$$\frac{v_1^2 - v_2^2}{2g} = (h_1 - h_4) - (h_1 - h_4)_r - h_{wd}.$$

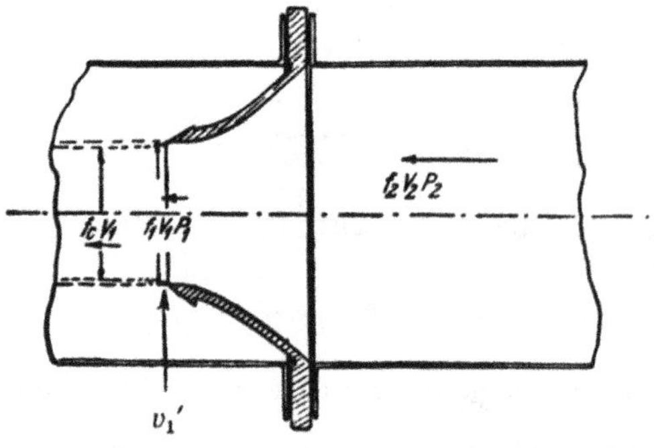

Abb. 14.

v_2 kann aus der gemessenen sekundlichen Wassermenge Q ermittelt werden:

$$v_2 = \frac{Q}{f_2}.$$

Dann ergibt sich v_1 ohne weiteres aus der Gleichung:

$$v_1 = \sqrt{\left[(h_1 - h_4)\,(h_1 - h_4)_r - h_{wd} + \frac{v_2^2}{2g}\right] 2g}$$

und der korrigierte Querschnitt:

$$f_c = \frac{Q}{v_1}.$$

Setzt man

$$\frac{f_c}{f_1} = \varphi_q,$$

so erhält man für die einzelnen Düsen als Mittelwert aus den Versuchsreihen a) und b):

Düse

I $\varphi_q = 0{,}981$

$f_c = 62{,}12\ \text{cm}^2$

II $\varphi_q = 0{,}986$

$f_c = 37{,}42\ \text{cm}^2$

III $\varphi_q = 0{,}994$

$f_c = 29{,}12\ \text{cm}^2$

IV $\varphi_q = 0{,}971$

$f_c = 19{,}61\ \text{cm}^2$.

Die Tabelle I zeigt den Gang der Auswertung und die Ermittlung der Korrekturgrößen für die Düse *I*; die Auswertung für die übrigen Düsen ist in derselben Weise erfolgt.

Tabelle I.

Düse *I*.

Lfd. Nr.	v_2 m/sec	v_1' m/sec	Ablesung $h_1 - h_4$ mm	$(h_1 - h_4)_r$ mm	h_{wd} mm	$(h_1 - h_4) - (h_1 - h_4)_r - h_{wd}$ mm	$\frac{v_1^2}{2g}$ mm	v_1 m/sec	$\frac{1}{\varphi_q}$	Mittelwert aus Versuchsreihe a) und b)
				Versuchsreihe a).						
1	0,331	0,921	46,0	6,5	0,15	39,35	44,935	0,939	1,020	
2	0,374	1,041	58,3	8,0	0,2	50,3	57,44	1,062	1,020	
3	0,447	1,242	85,0	11,5	0,3	73,2	83,37	1,279	1,030	
4	0,505	1,404	110,0	15,0	0,4	94,6	107,62	1,453	1,035	
5	0,570	1,585	138,0	18,5	0,5	119,0	135,55	1,632	1,030	
6	0,623	1,732	162,0	22,0	0,6	139,4	159,17	1,768	1,022	
7	0,662	1,841	181,5	24,5	0,65	156,13	178,78	1,873	1,017	
8	0,709	1,972	210,0	28,0	0,75	181,25	206,87	2,015	1,021	
9	0,754	2,095	235,0	31,0	0,85	203,15	232,10	2,135	1,019	
10	0,811	2,255	269,5	35,5	1,0	233,0	266,55	2,288	1,015	
11	0,882	2,452	323,0	41,5	1,2	280,3	319,97	2,506	1,022	
12	0,954	2,627	370,0	47,5	1,35	321,15	366,65	2,682	1,021	
				Versuchsreihe b).						1,019 $\psi_q = 0,981$
1	0,315	0,876	42,0	6,5	0,15	35,35	40,42	0,891	1,016	
2	0,391	1,087	63,5	9,0	0,2	54,0	61,81	1,102	1,014	
3	0,447	1,241	82,5	11,5	0,3	70,7	80,87	1,259	1,014	
4	0,486	1,350	98,0	14,5	0,4	83,1	95,15	1,366	1,013	
5	0,548	1,532	124,0	17,5	0,45	106,05	121,45	1,545	1,015	
6	0,617	1,714	158,0	22,0	0,6	135,4	154,82	1,742	1,016	
7	0,582	1,617	141,0	20,0	0,5	120,5	137,78	1,645	1,017	
8	0,657	1,825	180,0	25,0	0,67	154,3	176,32	1,860	1,019	
9	0,696	1,934	199,5	27,5	0,78	171,2	195,93	1,961	1,015	
10	0,736	2,046	225,0	30,5	0,85	193,6	221,24	2,084	1,018	
11	0,831	2,307	281,0	38,0	1,1	241,9	277,03	2,332	1,012	
12	0,927	2,575	354,0	47,0	1,3	305,7	349,56	2,618	1,016	

Nachdem nun die effektiven Querschnitte der Düsen bekannt sind, kann die mittlere Geschwindigkeit des austretenden Strahles bestimmt werden, die dann in die Carnotsche Gleichung einzuführen ist.

$$v_1 = \frac{Q}{f_c}$$

$$h_v = \frac{(v_1 - v_2)^2}{2g}.$$

Aus den Messungen sind die tatsächlichen Mischverluste auszudrücken durch:

$$h_{v\,(\mathrm{tat})} = (h_1 - h_{11}) - (h_1 - h_{11})_r - h_{wd}.$$

$h_{v\,(\mathrm{tat})} - h_v$ stellen die Abweichungen dar. Für die Düse *I* ist dieser Gang der weiteren Auswertung an einem Auszug aus dem Versuche in der Tabelle II gezeigt. Das Ergebnis der Messungen mit den andern Düsen ist in den graphischen Darstellungen zu verfolgen.

Tabelle II.

Düse *I*.

Lfd. Nr.	v_2	v_1	Carnot-Verluste $h_v = \frac{(v_1-v_2)^2}{2g}$	Bestimmung der tatsächlichen Verluste				Ab-weichung $h_{v\,(tat)} - h_v$	in %
				Ablesung h_1-h_{11}	$(h_1-h_{11})_r$	h_{wd}	$h_{v\,(tat)}$		
	m/sec	m/sec	mm	mm	mm	mm	mm	mm	
				Versuchsreihe a):					
1	0,331	0,941	18,95	32,5	13,05	0,15	19,3	0,35	
2	0,374	1,963	24,8	41,0	16,3	0,2	24,5	—0,3	
3	0,447	1,269	34,5	57,0	21,7	0,3	35,0	0,5	
4	0,505	1,436	44,2	72,5	27,1	0,4	45,0	0,8	
5	0,570	1,620	56,2	90,5	34,0	0,5	56,0	—0,2	
6	0,623	1,770	67,15	108,0	40,0	0,6	67,4	0,35	
7	0,662	1,881	75,7	121,5	44,35	0,65	76,5	0,8	
8	0,799	2,014	86,8	140,0	51,75	0,75	87,5	0,7	
9	0,754	2,140	97,85	157,0	57,65	0,85	98,5	0,65	
10	0,881	2,304	113,5	180,0	65,0	1,0	114,0	0,5	
11	0,882	2,505	134,2	211,0	75,3	1,2	134,5	0,3	
12	0,945	2,684	153,8	240,0	84,65	1,35	154,0	0,2	
				Versuchsreihe b):					= 1 — 1,5
1	0,315	0,890	17,1	30,0	12,55	0,15	17,3	0,2	
2	0,390	1,111	26,4	44,0	16,5	0,2	27,3	0,9	
3	0,447	1,268	34,4	56,0	21,5	0,3	34,2	—0,2	
4	0,486	1,381	40,8	68,0	25,1	0,4	42,6	1,8	
5	0,548	1,556	51,95	85,0	31,5	0,45	53,0	1,05	
6	0,582	1,654	58,6	98,0	36,0	0,5	61,5	2,9	
7	0,617	1,753	65,75	107,0	39,4	0,6	67,0	1,25	
8	0,657	1,866	74,5	122,0	45,3	0,65	76,0	1,5	
9	0,696	1,976	83,65	134,5	49,0	0,78	84,7	1,15	
10	0,736	2,302	93,8	152,5	55,15	0,85	96,1	2,7	
11	0,831	2,360	119,1	189,0	68,3	1,1	119,6	0,5	
12	0,927	2,632	147,7	232,0	83,0	1,3	147,7	—	

Die Abb. 15 u. 16 bringen die Ergebnisse für sämtliche Düsen zur Darstellung. Es ist gezeichnet (Abb. 15) $h_v = \frac{(v_1 - v_2)^2}{2g}$ abhängig von der mittleren Wassergeschwindigkeit im Rohr (v_2). Die eingetragenen Punkte stellen einige der versuchsmäßig ermittelten Werte der tatsächlichen Verluste dar.

Diese Versuche führen also zu der Erkenntnis, daß die Carnotsche Formel für praktische Berechnungen von Energieverlusten ohne Beiwert brauchbar ist. Die Abweichungen liegen durchschnittlich bei den hier ausgeführten Versuchen unter 1%. Die in den Tabellen hiervon abweichenden Ziffern können einerseits durch geringe Schätzungsfehler bei der Bestimmung der Korrekturgrößen erklärt werden, anderseits können die beobachteten Pulsationserscheinungen kleine Ablesungsfehler verursacht haben, die aber die Gültigkeit der Hauptfeststellungen durchaus nicht beeinträchtigen.

Ein Einfluß des Erweiterungsverhältnisses (Abb. 16) auf die Abweichungen der Verluste ist nicht erkennbar. Eine Einwirkung der Gestalt des Totwasserraumes auf die Mischverluste ist ebenfalls nicht nachzuweisen. Er hat auf den Strömungsvorgang nur insofern einen Einfluß, als der Druckanstieg sich im Bereich der Meßstellen *5* bis *6* langsamer vollzieht als bei ausgefülltem Totwasserraum. Abb. 17 bringt diese Beobachtung zur Anschauung; sie zeigt $h_5 - h_4 = f(v_2)$ für alle Versuchsreihen.

In der Abb. 18 ist eine Beobachtung wiedergegeben, die über die Druckverhältnisse im Totwasserraum, zwischen Düsenrück- und Rohrwand entsprechend den Versuchsreihen a), Aufschluß gibt. Es wird die Druckhöhendifferenz $h_4' - h_4$ (Anordnung s. Abb. 6a) in Abhängigkeit von der mittleren Wassergeschwindigkeit im Rohr v_2 gezeigt. Die hier festgestellte Erscheinung ist auf die Bewegung des Wassers im Totraum zurückzuführen.

In den Versuchsfällen b), also bei ausgefülltem Düsentotraum, bestand an den Meßstellen h_4' und h_4 (Anordnung s. Abb. 6b) genau derselbe Druck bei allen Wassergeschwindigkeiten v_2. Diese Tatsache bestätigt somit die wichtige, bei Entwicklung der Carnotschen Gleichung gemachten Annahme, daß an der von den Rohrmänteln ausgeschnittenen Ringfläche $(D-d)$ überall der gleiche, und zwar der Strahldruck p_1 herrscht.

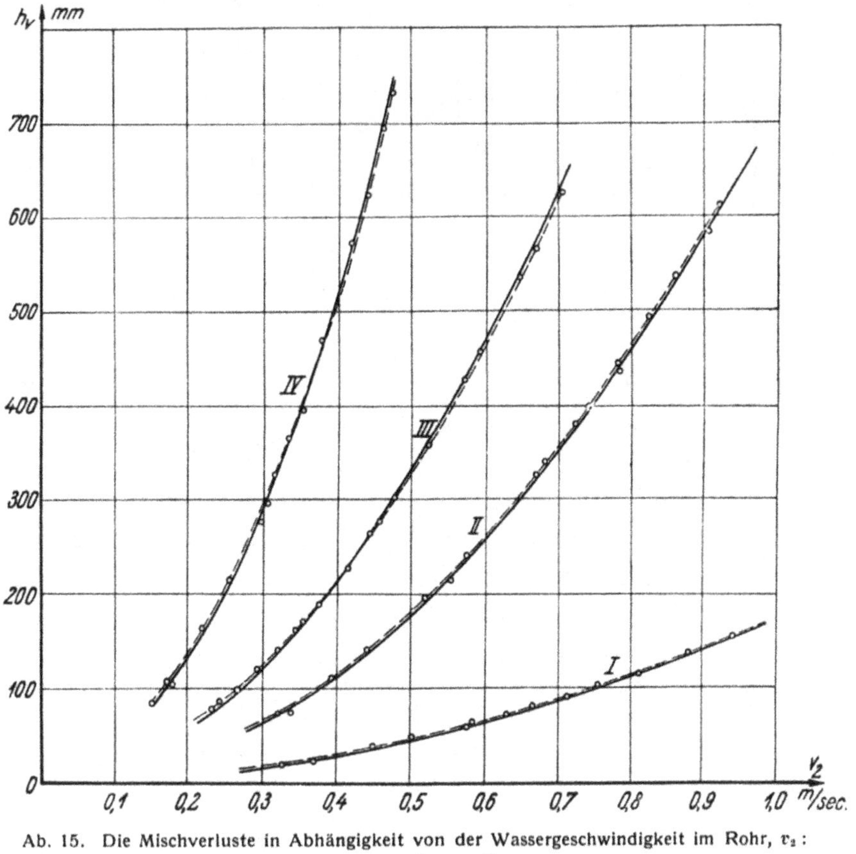

Ab. 15. Die Mischverluste in Abhängigkeit von der Wassergeschwindigkeit im Rohr, v_2:

———— $h_v = \frac{(v_1 - v_2)^2}{2g} = f(v_2)$

-o-o-o-o- = gefundene Werte.

Die vorliegenden Untersuchungen geben auch eine Erklärung für die abweichenden Ergebnisse, die bei den früheren Versuchen erzielt worden sind. In der eingangs erwähnten Arbeit von H. Baer sind zweifellos die Meßstellen zu dicht hinter der Erweiterungsstelle angeordnet. Dort waren die allgemeinen Abmessungen ungefähr dieselben wie bei den vorliegenden Versuchen[1]) ($D = 86{,}5 - 128 - 180$ mm; $d = 50$ mm = konst; gemessen im Geschwindigkeitsbereich $v_1 = 0{,}32 - 2{,}85$ m/sec), aber die äußerste Meßstelle nach der Störungsstelle war nur 155 mm, also ungefähr 1 bis 2 D von ihr entfernt. S. 50 dieser Arbeit wurde als erstes Beobachtungsergebnis dieser Versuche die Tatsache hervorgehoben, daß der Mischvorgang erst ungefähr in der Entfernung $8D$ von der Erweiterungsstelle als beendet anzusehen ist. Deshalb konnte bei jenen Versuchen nicht der ganze tatsächlich stattfindende Druckrückgewinn durch die Beobachtung erfaßt werden.

[1]) Siehe auch oben erwähnte Veröffentlichung.

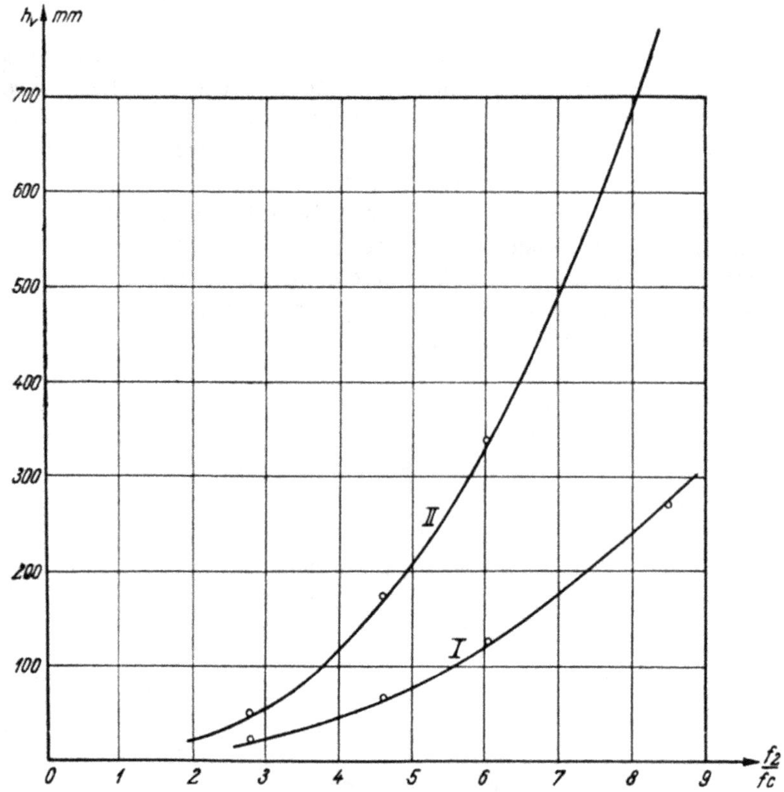

Abb. 16. Einfluß des Erweiterungsverhältnisses auf die Mischverluste: $h_a = \varphi\,(f_2/f_c)$; für $I \cdot v_2 = 0{,}3$ und $II \cdot v_2 = 0{,}5$ m/sec.

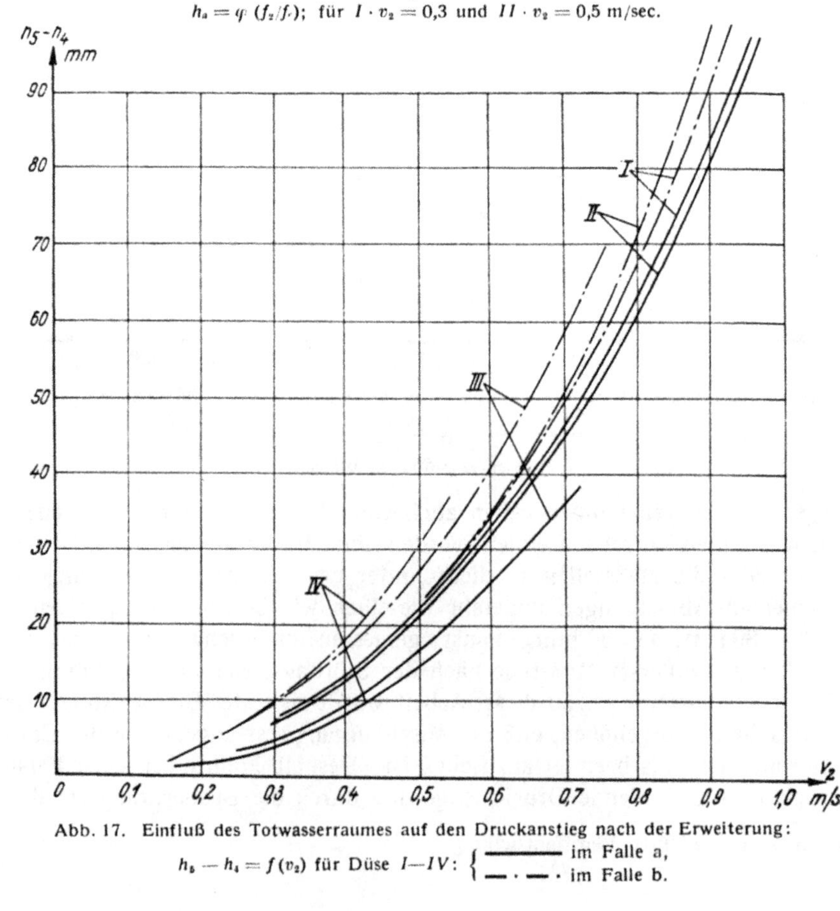

Abb. 17. Einfluß des Totwasserraumes auf den Druckanstieg nach der Erweiterung: $h_5 - h_4 = f(v_2)$ für Düse I—IV: { ——— im Falle a, — · — · im Falle b.

Es mag nunmehr noch notwendig erscheinen, auf die einzelnen Feststellungen Baers kurz einzugehen und sie auf Grund der durch diese Versuche gewonnenen Erkenntnisse zu erklären. Aus den graphischen Darstellungen, in die er seine Versuchsergebnisse zusammenfaßt, folgert er zunächst, daß die Abweichungen der tatsächlichen Energieverluste von den nach der Carnotschen Gleichung ermittelten bei

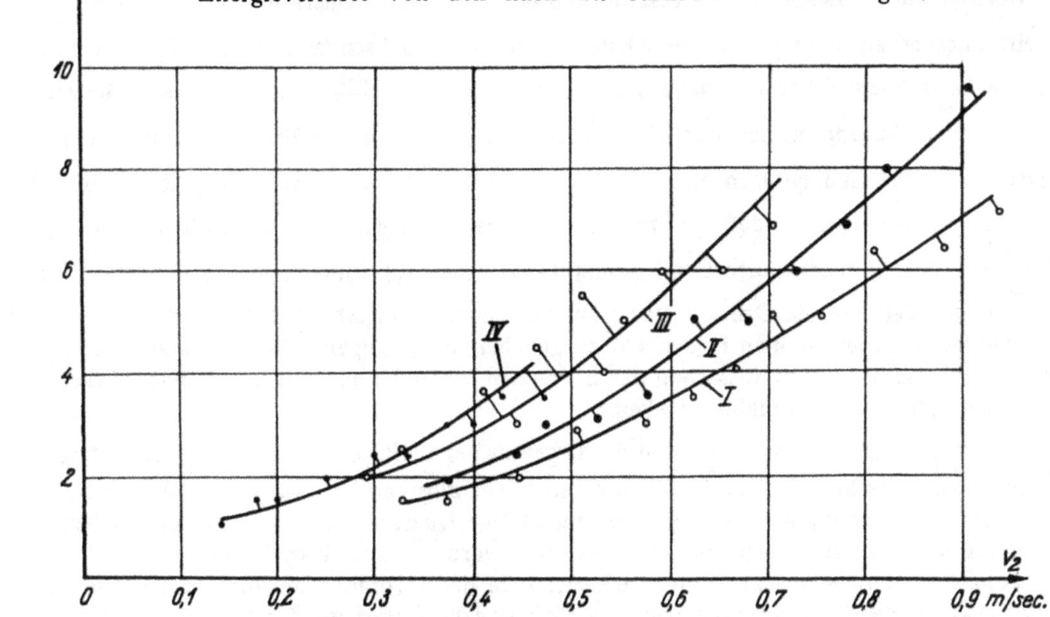

Abb. 18. Druck im Totwasserraum $h_4' - h_4 = f(v_2)$ für Düse I—IV.

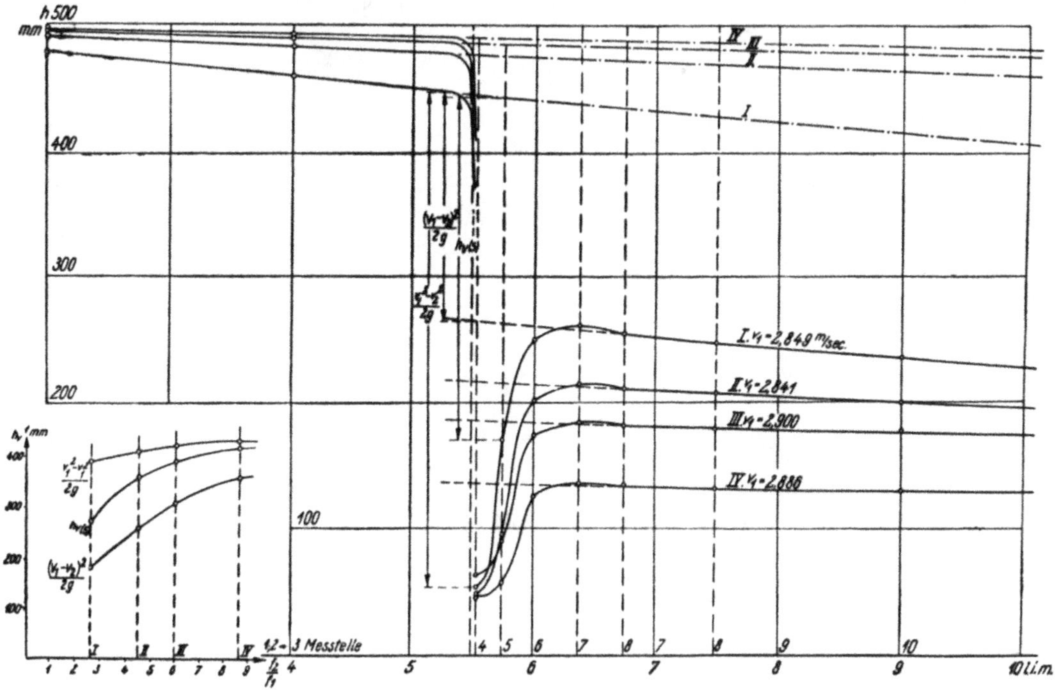

Abb. 19. Druckverlauf bei v_1 = konst; für Düse I—IV.

größerem Erweiterungsverhältnis größer werden und sich dem Werte $\frac{v_1^2 - v_2^2}{2g}$ nähern. Verfolgt man den Strömungsverlauf an Hand der Abb. 19 (es sind nur Versuche der Versuchsreihen b zum Vergleich herangezogen) und bestimmt den Druckhöhenrückgewinn im Bereich der Versuchsteilstrecke *4* bis *5* (Meßstelle *5* entspricht ungefähr der letzten Meßstelle bei der Baerschen Versuchsanordnung) für die vier gewählten Querschnittsverhältnisse, so erklärt sich ohne weiteres die oben erwähnte Folgerung Baers.

Weiter wird in jener Arbeit festgestellt, daß bei konstantem Querschnittsverhältnis (und zwar Erweiterungsverhältnissen $\frac{f_2}{f_1} < 3$) die Abweichungen mit wachsender Geschwindigkeit abnehmen, d. h. die tatsächlichen Verluste nähern sich dem Werte $\frac{(v_1 - v_2)^2}{2g}$, und auf Grund dessen wird von Baer der Geltungsbereich der Carnotschen Gleichung für annähernde praktische Berechnungen durch die Bedingungen eingeschränkt: $\frac{f_2}{f_1} < 3$; $v_1 > 3{,}0$ m/sec. Es geht aus den Baerschen Darstellungen hervor, daß die prozentualen Abweichungen der tatsächlichen Verluste, also: $\frac{h_{v\,\mathrm{tat}} - h_v}{h_{v\,\mathrm{tat}}} \cdot 100$ mit wachsender Geschwindigkeit v_1 (bzw. v_2) abnehmen. Würde man der Berechnung der Verluste die Druckmessung an der Beobachtungsstelle *5* der vorliegenden Arbeit zugrunde legen, so würde man in der Tat zu gleichen Folgerungen gelangen. Man erkennt also, daß die reinen Beobachtungstatsachen der Baerschen Versuche mit den Ergebnissen dieser neuen Untersuchungen voll im Einklang stehen.

In kurzer Zusammenfassung ist also das Ergebnis der vorliegenden Untersuchungen folgendes:

Die Anwendbarkeit der Borda-Carnotschen Gleichung zur Erfassung der Mischverluste, die bei der Strömung einer Flüssigkeit durch eine unstetige Querschnittsstelle, einer plötzlichen Querschnittserweiterung, entstehen, ist nachgewiesen worden. Die Einzelbeobachtungen erklären restlos die früheren Versuchsergebnisse, die bisher in der Hydraulic die Ansicht bestehen ließen, daß die Carnotsche Formel durch einen Koëffizienten berichtigt werden müsse.

Über den Genauigkeitsgrad des Gibsonschen Wassermeßverfahrens.

Von **D. Thoma.**

Um die Eigenart des Gibsonschen Meßverfahrens klar hervortreten zu lassen, sollen zuerst die anderen für große Wassermengen in Frage kommenden Verfahren kurz kritisch gewürdigt werden.

Wenn man zur Bestimmung der durch einen Kanal oder eine geschlossene Leitung strömenden sekundlichen Wassermenge die Wassergeschwindigkeiten an genügend vielen Stellen eines Querschnittes mißt, wird die Messung durch die nie fehlenden turbulenten Nebenbewegungen gestört, welche zeitliche Schwankungen der Größe und Richtung der Wassergeschwindigkeiten hervorrufen. Aufgabe der Messung ist es, den zeitlichen Mittelwert der zum Meßquerschnitt senkrechten Komponente der Geschwindigkeiten zu bestimmen.

Bei Messungen mit Woltmanschen Flügeln stören die Schwankungen der Größe der Wassergeschwindigkeit nicht, weil die Drehzahl der Meßflügel hinreichend genau der Wassergeschwindigkeit proportional ist, so daß die mittlere Drehzahl des Flügels, die man aus der Beobachtung erhält, dem Mittelwert der Wassergeschwindigkeit genau entspricht. Störend sind dagegen die von den Nebenbewegungen verursachten Schwankungen der Richtung der Wassergeschwindigkeit: durch eine hinzukommende seitliche Komponente der Strömung wird der Umlauf des Flügels gestört, so daß dieser im allgemeinen die in seine Achsenrichtung fallende Komponente der Geschwindigkeit, auf welche es bei der Bestimmung der Durchflußmenge allein ankommt, nicht mehr richtig anzeigt. Es ist zwar neuerdings gelungen, Flügelradformen zu finden, die für einen genügend weiten Winkelbereich von diesem Fehler praktisch frei sind. Leider sind diese Formen (Schaufeln einzeln auf Speichen befestigt) jedoch Störungen durch sich anhängendes fadenförmiges Treibzeug (Wasserpflanzen) ausgesetzt. Wenn auch zu hoffen ist, daß es bald gelingen wird, Formen zu finden, die sowohl gegen seitliche Komponenten der Strömung unempfindlich sind, als auch — wie eine nach vorne zugespitzte Schraube — das Treibzeug abweisen, so verfügen wir heute doch noch nicht darüber.

Ein anderer Mangel der Flügelmessung ist die Unmöglichkeit, die Wassergeschwindigkeit in nächster Nähe der Wandungen zu bestimmen. Um diesen Mangel zu mildern, kann man an den Rändern des Meßquerschnitts besonders kleine Flügel, sog. Wandflügel verwenden, welche A. Ott in Kempten auf meine Veranlassung hergestellt hat. Dadurch gelingt es, die Wassergeschwindigkeit bis auf etwa 25 mm Wandabstand herab zu bestimmen. Die Wandflügel sind allerdings noch in der Entwicklung begriffen und noch nicht allgemein verfügbar. Durch die Verwendung von Wandflügeln, sowie durch Extrapolation der Wassergeschwindigkeit auf Grund der neueren Untersuchungen über die Verteilung der Wassergeschwindigkeiten in unmittelbarer Nähe einer Wand, wird die Fehlergrenze auf einen kleinen Bruchteil des früheren Betrages vermindert.

Erhebliche Schwierigkeiten entstehen bei der Flügelmessung durch die Forderung, die Wassergeschwindigkeiten an einer genügenden Zahl von Meßstellen gleichzeitig zu bestimmen; dies ist erforderlich, da das Gesamtbild der Strömung langsamen zeitlichen Schwankungen unterworfen sein kann, die zu Fehlern Veranlassung geben, wenn die Messungen an den vielen Meßpunkten nacheinander ausgeführt werden würden. Eine mehrmalige Wiederholung der Messung zwecks Verkleinerung dieser Fehler scheitert meistens an der dazu erforderlichen langen Zeit. Um die Forderung der gleichzeitigen Messung zu erfüllen, bedarf es eines ziemlich erheblichen Aufwandes (beispielsweise wurde bei den Abnahmeversuchen am Kraftwerk Aufkirchen der Mittleren Isar gleichzeitig mit 27 Meßflügeln gemessen).

Wenn man anderseits zur Messung der Wassergeschwindigkeit Pitotrohre verwendet, können die von den Schwankungen der Strömungs*richtung* herrührenden Fehler durch zweckmäßige Formgebung der Rohre (Prandtlsches Staurohr) klein gehalten werden. Auch kann man in sehr geringem Abstande von der Wand noch zuverlässig messen. Bei Pitotrohren führen jedoch die Schwankungen der *Größe* der Geschwindigkeit zu Fehlern. Da der Staudruck dem Quadrat der Wassergeschwindigkeit proportional ist, entspricht die Anzeige des Instruments nicht der mittleren Wassergeschwindigkeit, sondern der Quadratwurzel aus dem mittleren Geschwindigkeitsquadrat, die bei zeitlich schnell wechselnder Geschwindigkeit immer etwas größer ist als die mittlere Geschwindigkeit. Außerdem sind Einrichtungen, welche bei gleichzeitiger Messung an sehr vielen Punkten unbedingt notwendige registrierende Ablesung leisten, nicht verfügbar. Für Messungen, bei denen eine hoher Genauigkeitsgrad verlangt wird, ist deswegen das Pitotrohr im allgemeinen nicht so gut geeignet wie der Woltmansche Flügel.

Der Genauigkeitsgrad einer Wassermessung mit Flügeln darf auf etwa 1% veranschlagt werden, wenn bei der Vorbereitung, Durchführung und Auswertung der Beobachtungen mit großer Sorgfalt vorgegangen wird und die allgemeinen Verhältnisse günstig liegen; zu letzterem gehört insbesondere, daß die Strömung im Meßquerschnitt nicht stärker turbulent ist, als bei der mit überkritischer Geschwindigkeit erfolgenden Strömung in gerader Strecke unvermeidbar ist. Wenn der Wasserstrom dagegen starke Wirbel mitführt, wie sie z. B. durch Krümmungen oder durch Kontraktion in einem unzweckmäßig geformten Einlauf erzeugt werden, ist mit größeren Fehlern zu rechnen; denn wenn auch durch zweckmäßige Ausbildung der Flügel der Einfluß der Nebenbewegungen sehr herabgesetzt werden kann, werden die verbleibenden Fehlerreste bei sehr großer Stärke der Nebenströmungen doch von zu großem Einfluß, wenn es auf die letzten Zehntelprozente ankommt.

In vielen Fällen ist es nun überhaupt unmöglich, einen Meßquerschnitt zu finden oder herzustellen, in welchem die Strömung ruhig ist; auch der für die Erreichung des erwähnten Genauigkeitsgrades notwendige große Aufwand an Instrumenten und sonstigen Vorkehrungen ist oft hinderlich. Da die anderen Wassermeßverfahren (z. B. Überfallmessung, Schirmmessung) bei großen Wassermengen meistens einen ganz übermäßigen Aufwand erfordern würden, muß man sich dann entweder mit einem geringen Genauigkeitsgrade der Flügelmessung begnügen oder aber auf die Messung überhaupt verzichten.

Es erregte deswegen berechtigtes Aufsehen, als vor etwa 5 Jahren — die „Salz-Geschwindigkeitsmethode" von Allen war damals noch nicht bekannt — der amerikanische Ingenieur Norman R. *Gibson* mit einem neuen Wassermeßverfahren hervortrat, welches alle Wünsche zu erfüllen versprach und dabei nur eine verhältnismäßig einfache Apparatur erfordert.

Das Gibsonsche Verfahren ist für Wassermessungen in geschlossenen Leitungen anwendbar und stützt sich auf die Drucksteigerungen, die in solchen Leitungen auftreten, wenn der Wasserstrom zum Stillstand gebracht wird. Zur Ausführung der Messung, z. B. an einer Turbinenanlage, wird zunächst ein vollkommener Beharrungszustand hergestellt und dann die Leitvorrichtung der Turbine allmählich geschlossen; der zeitliche Verlauf der dabei in der Leitung auftretenden Druckerhöhung wird durch einen von Gibson entworfenen Druckschreiber registriert. Aus dem Druckdiagramm wird der Unterschied zwischen der sekundlichen Wassermenge des vorhergehenden Beharrungszustandes und der Leckwassermenge, die von der geschlossenen Leitvorrichtung noch durchgelassen wird, ermittelt, wobei natürlich die Abmessungen der Leitung bekannt sein müssen. Da der kleine Leckwasserverlust sich durch eine getrennte Untersuchung leicht mit großer Genauigkeit feststellen läßt, läßt sich die sekundliche Wassermenge bei dem anfänglichen Beharrungszustand angeben.

Die während des Schließens der Leitvorrichtungen auftretende Druckerhöhung ist eine Folge der Verzögerung, welche der in der Rohrleitung enthaltenen Wassersäule aufgezwungen wird.

Es kommt dabei offenbar wesentlich auf die Bewegungsgröße (den Impuls) an, den diese Wassersäule zu Beginn bzw. am Ende des Schließvorganges hatte. Es läßt sich leicht nachweisen, daß die Summe der Bewegungsgrößen aller in einer Rohrleitung von gegebenen Abmessungen enthaltenen Massenteile oder, wie wir kurz sagen wollen, die in der Rohrleitung enthaltene Bewegungsgröße nur von der sekundlich durchfließenden Wassermenge abhängt und von den Nebenbewegungen streng unabhängig ist. Eine überschlägliche Überlegung führt zu der Annahme, daß deswegen auch das Ergebnis der Auswertung des Druckdiagrammes von den Nebenbewegungen, die bei den anderen Meßverfahren so störend sein können, streng unabhängig sein werde. Nun ist leicht einzusehen, daß die Genauigkeit des Druckschreibers fast beliebig gesteigert werden kann, wenn man nur auf den Entwurf und die Herstellung dieses einen Instrumentes entsprechende Sorgfalt verwendet. Man durfte hoffen, aus dem sehr genauen Druckdiagramm die Wassermenge ohne jeden weiteren Fehler ermitteln zu können, und zwar mit voller Schärfe, auf Grund eines exakten Naturgesetzes. Damit wären bei Wasserkraftanlagen Wassermessungen von prinzipiell derselben Schärfe möglich geworden, wie sie sonst nur der Behältermessung zukommt.

Zweck der vorliegenden Abhandlung ist es, diese überschlägigen Überlegungen sorgfältig im einzelnen nachzuprüfen, Anhaltspunkte für die Abschätzung etwaiger Fehlerreste zu gewinnen und zu ermitteln, wie die Messung angeordnet werden muß, um die Fehler möglichst klein zu machen.

Mit dem Ausdruck „Fehler" soll natürlich kein Tadel ausgedrückt oder das hervorragende Verdienst des Mannes, welcher dieses einen bedeutsamen Fortschritt darstellende Verfahren erdacht und ausgebildet hat, irgendwie verkleinert werden. Ebensowenig sollen die hohen Turbinenwirkungsgrade, welche Gibson unter Anwendung seiner Methode bei verschiedenen großen amerikanischen Wasserkraftanlagen gefunden hat, in Zweifel gezogen werden; auch die in Deutschland in Versuchsanstalten und an Turbinenanlagen gewonnenen Ergebnisse lassen die von Gibson gefundenen hohen Wirkungsgrade als durchaus erreichbar erscheinen, wenn man die gewaltige Größe jener amerikanischen Turbinen und die auf hydraulische Forderungen sorgfältig Rücksicht nehmende Ausbildung auch des baulichen Teiles jener Kraftwerke in Rechnung stellt.

Bei der Aufstellung der allgemeinen Formeln wird hier die Wirkung der Erdschwere vernachlässigt werden: es ist ja leicht einzusehen, daß sich den hier betrachteten Druckunterschiedennoch die den Höhenunterschieden entsprechenden statischen Druckunterschiede überlagern, deren Einbeziehung in die allgemeinen Formeln jedoch nur zu unnötiger Verwicklung derselben führen würde. Ferner wird die Elastizität des Wassers und der Rohrleitung vernachlässigt.

Die Rohrleitung, in die das Wasser aus einem großen Behälter eintritt, sei gerade und von überall gleichem Querschnitt. Es seien bezeichnet: mit c_0 die im Beharrungszustande vor dem Versuch in der Rohrleitung vorhandene mittlere Geschwindigkeit $= \frac{\text{sekundliche Wassermenge}}{\text{Querschnittsfläche}}$, mit c die jeweilige mittlere Geschwindigkeit während des Versuchs, und mit c_1 die nach Beendigung des Versuches noch vorhandene, dem Leckverlust entsprechende mittlere Geschwindigkeit. Während des Versuches werden der Druck p_c im Meßquerschnitt C und der Druck p_A in einem vom Einlauf genügend weit entfernten Punkte A des Behälters registriert. (Bei der praktischen Durchführung der Messung wird die Druckmessung in A durch die Aufnahme der Spiegelschwankungen im Behälter mittels eines Schreibpegels ersetzt.)

Um das Grundsätzliche des Vorganges klarzustellen, soll zunächst die Reibung vernachlässigt werden; die Wassergeschwindigkeit ist dann in der Rohrleitung überall gleich, Nebenbewegungen treten nicht auf.

Ist B ein kurz hinter dem Einlauf gelegener Rohrquerschnitt (Abb. 1), in dem die Wassergeschwindigkeit bereits gleichmäßig über den Querschnitt verteilt ist, so wird der Druckunterschied $p_A - p_B$ im wesentlichen durch den augenblicklichen Wert der Wassergeschwindigkeit im Rohr bestimmt: da nämlich die Strecke, auf der die Wassergeschwindigkeit von dem Werte

Null, den sie im Gefäß hat, auf den Wert c steigt, nur kurz ist, ist für jedes Wasserteilchen die durch den Ortswechsel bedingte Beschleunigung groß gegenüber den Veränderungen, die die Wassergeschwindigkeit an einem festgehaltenen Punkte infolge der Abnahme der sekundlichen Wassermenge im Rohr erfährt. Der Druckunterschied $p_A - p_B$ kann deswegen ohne merkliche Fehler so berechnet werden, als ob es sich um einen Beharrungszustand handelte, d. h. es ist

$$p_A - p_B = \gamma \frac{c^2}{2g} \quad \ldots \ldots \ldots \ldots \quad 1)$$

Die zwischen den Querschnitten B und C enthaltene Masse ist $\frac{\gamma f l}{g}$ [f = Rohrquerschnitt, l = Abstand B—C]. Zur Beschleunigung ist die Kraft $f(p_B - p_c)$ verfügbar. Die Anwendung der dynamischen Grundgleichung ergibt somit

$$f(p_B - p_c) = \frac{\gamma f l}{g} \frac{dc}{dt} \quad \ldots \ldots \ldots \ldots \quad 2)$$

Kürzt man diese Gleichung mit f und addiert sie zu Gl. (1), so erhält man den Ausdruck

$$p_A - p_c = \frac{\gamma}{g} l \frac{dc}{dt} + \gamma \frac{c^2}{2g}$$

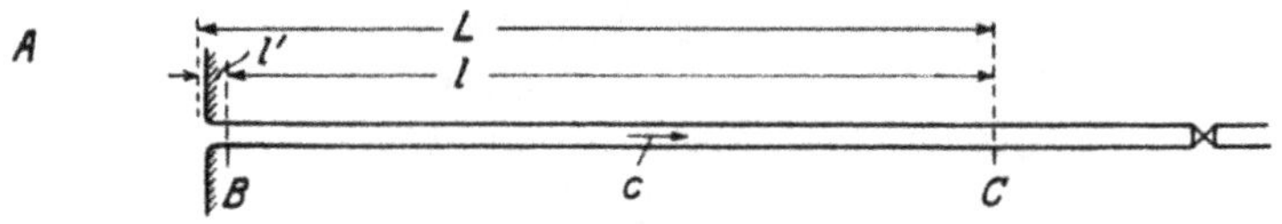

Abb. 1.

Man hat nunmehr noch den Umstand, daß auch auf dem Wasserwege bis zum Querschnitt B die Veränderung der sekundlichen Wassermenge etwas mitwirkt, durch einen Zuschlag zu der Länge l zu berücksichtigen. Bezeichnet man die derart berichtigte Länge mit L, so ergibt sich

$$p_A - p_c = \frac{\gamma}{g} L \frac{dc}{dt} + \gamma \frac{c^2}{2g} \quad \ldots \ldots \ldots \ldots \quad 3)$$

Dies ist eine Differentialgleichung erster Ordnung für c, die sich auf zeichnerischem oder rechnerischem Wege integrieren läßt, wobei der Verlauf von $p_A - p_c$ dem Diagramm des Druckschreibers zu entnehmen ist. Man kann beispielsweise von der bekannten, dem Leckverlust entsprechenden Wassergeschwindigkeit c_1, die am Schluß der Beobachtung vorhanden war, ausgehend, den Geschwindigkeitsverlauf nach rückwärts rekonstruieren und dadurch die Wassergeschwindigkeit c_1, die zu Beginn der Beobachtung bestand, finden. Bei einem anderen von Gibson angegebenen Verfahren wird der Verlauf von c zunächst geschätzt und dann berichtigt; dieses Verfahren konvergiert sehr schnell und eignet sich besonders für die zeichnerische Integration, die hier auch schon deswegen empfehlenswert ist, weil der Verlauf von $p_A - p_c$ graphisch gegeben ist.

Die Schlußfolgerungen, welche zur Herleitung der Gleichung (3) angestellt worden sind, und auch der Gibsonschen Ableitung[1]) zugrunde liegen, sind allerdings nicht ganz streng: es wurde nämlich bei Ableitung der Gleichung (1) der Druckunterschied zwischen den Stellen A und B so groß angesetzt, als er bei einer stationären Strömung sein würde, während es sich in Wirklichkeit um einen nicht stationären Vorgang handelt; auch könnte bezweifelt werden, ob es zulässig ist, die dynamische Grundgleichung einfach auf „die zwischen den Querschnitten B und C befindliche Masse" anzuwenden; die so definierte „Masse" besteht nämlich beim Schluß der Beobachtung nicht mehr durchweg aus denselben individuellen Teilchen wie am Anfang derselben; während der Beobachtung hat das durch den Querschnitt C austretende Wasser die „Masse"

[1]) N. R. Gibson, The Gibson Method and Apparatus etc. Paper presented at the Annual Meeting of the American Society of Mechanical Engineers, December 3 to 6, 1923.

verlassen, und durch den Querschnitt B ist neues Wasser zur „Masse" hinzugekommen. Die dynamische Grundgleichung bezieht sich jedoch auf ein bestimmtes, stets aus denselben individuellen Teilchen bestehendes Massensystem.

Um jeden Zweifel zu beseitigen, soll von der allgemeinen Gleichung für die Druckverteilung bei nicht stationären, reibungs- und wirbelfreien Strömungen ausgegangen werden. Bezeichnet man das Geschwindigkeitspotential mit φ, die Wassergeschwindigkeit mit v und den Druck mit p, so gilt allgemein

$$\frac{\gamma}{g}\,\frac{\partial\varphi}{\partial t}+\gamma\,\frac{v^2}{2g}=-p+\varphi(t),$$

wobei $\varphi(t)$ eine zunächst unbestimmte Funktion der Zeit ist. Der Punkt A (Abb. 2) möge auf der verlängerten Rohrachse liegen und so weit vom Einlauf entfernt sein, daß in ihm $v^2=0$ gesetzt werden darf. Über die in φ enthaltene willkürliche Konstante werde so verfügt, daß während des ganzen Vorganges $\varphi_A=0$ ist. Die obige allgemeine Gleichung geht dann über in

$$\frac{\gamma}{g}\,\frac{\partial\varphi}{\partial t}+\gamma\,\frac{v^2}{2g}=p_A-p \quad \ldots\ldots\ldots\ldots \quad 4)$$

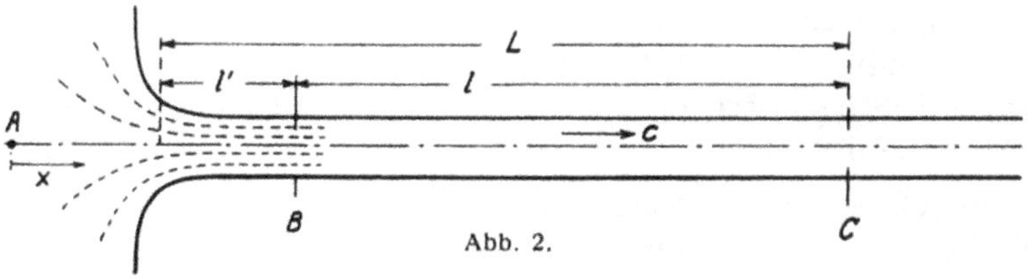

Abb. 2.

Zunächst soll φ für den Rohrquerschnitt B bestimmt werden, der möglichst nahe dem Einlauf, jedoch immerhin in solcher Entfernung von ihm gelegen sein soll, daß die Wassergeschwindigkeit bereits überall gleich c ist. Kennzeichnet man allgemein die Lage eines auf der verlängerten Rohrachse liegenden Punktes durch dessen Abstand x von A und beachtet, daß $\varphi_A=0$ festgesetzt war, so folgt aus der Definition des Geschwindigkeitspotentials $\left[v=\frac{\partial\varphi}{\partial x}\right]$

$$\varphi_B=\int_A^B v\,dx.$$

Um die Integration auszuführen, denke man sich Stromlinien eingezeichnet; man kann dann die Geschwindigkeit an jeder Stelle der Achse als Bruchteil der jeweiligen Rohrgeschwindigkeit c angeben und das Integral als $l'\cdot c$ ausdrücken, wobei l' als reduzierte Länge des Einlaufes bezeichnet werden kann, die je nach der Form des Einlaufes etwas größer oder kleiner ausfallen wird als der Abstand des Querschnittes B von der Gefäßwand. Damit wird

$$\varphi_B=l'\cdot c \quad \ldots\ldots\ldots\ldots \quad 5)$$

Das Geschwindigkeitspotential im Meßquerschnitt C ergibt sich sehr einfach zu

$$\varphi_c=\varphi_B+\int_B^C v\,dx=\varphi_B+l\cdot c$$

und bei Berücksichtigung von Gl. (5)

$$\varphi_c=l'\cdot c+l\cdot c=Lc \quad \ldots\ldots\ldots\ldots \quad 6)$$

Durch Differentiation nach der Zeit erhält man aus Gl. (5) und (6)

$$\frac{\partial\varphi_B}{\partial t}=l'\cdot\frac{dc}{dt} \quad \text{und} \quad \frac{\partial\varphi_c}{\partial t}=L\,\frac{dc}{dt}.$$

Wenn man schließlich diese Werte in Gl. (4) einsetzt, ergibt sich[1])

$$p_A - p_B = \frac{\gamma}{g} l' \frac{dc}{dt} + \gamma \frac{c^2}{2g} \quad \ldots \ldots \ldots \ldots \quad 7)$$

und

$$p_A - p_c = \frac{\gamma}{g} L \frac{dc}{dt} + \gamma \frac{c^2}{2g} \quad \ldots \ldots \ldots \ldots \quad 8)$$

Die letzte Gleichung ist mit Gl. (3) identisch. Die zuerst angestellten, formal nicht ganz einwandfreien Überlegungen haben also ein richtiges Ergebnis geliefert. Damit ist auch nachgewiesen, daß der in der Literatur aufgetauchte Vorschlag[2]), das letzte Glied von Gl. (3) durch den Ausdruck $\frac{c_1^2}{2g} - \frac{(c_1 - c)^2}{2g}$ zu ersetzen, durchaus abwegig ist.

Nunmehr soll der Vorgang mit Berücksichtigung der Reibung untersucht werden. Für den Wasserweg aus dem Gefäß bis zum Querschnitt B darf man dabei die für den reibungsfreien Vorgang ermittelte Beziehung beibehalten, da die Wasserreibung auf dem kurzen Weg bis B unbedenklich vernachlässigt werden kann. Um die Vorgänge zwischen B und C zu verfolgen, bedient man sich zweckmäßig des Antriebsatzes. Bekanntlich darf man mit der Bewegungsgröße, die in irgendeinem Raume enthalten ist, und mit der Bewegungsgröße, die vom Wasser in diesen Raum hineingetragen oder aus ihm fortgeschleppt wird, ebenso rechnen, als ob die Bewegungsgröße eine materielle Substanz wäre, die vom Wasser mitgeführt und von den wirkenden äußeren Kräften erzeugt oder vernichtet wird.

Die Bewegungsgröße, die in dem Raume $B-C$ enthalten ist, sei mit J bezeichnet. Wenn man ferner mit i_B die Bewegungsgröße bezeichnet, die das während irgendeiner Zeit durch den Querschnitt B eingetretene Wasser mitgebracht hat, dann ist $\frac{d\,i_B}{d\,t}$ der Impulsstrom durch den Querschnitt B; entsprechend sei der Impulsstrom durch den Querschnitt C mit $\frac{d\,i_c}{d\,t}$ bezeichnet. Aus dem Antriebsatz folgt, daß die sekundliche Zunahme der im Raume $B-C$ enthaltenen Bewegungsgröße gleich ist der sekundlich durch B zugeführten Bewegungsgröße, abzüglich der sekundlich durch C abgeführten Bewegungsgröße, zuzüglich aller in der Fließrichtung wirkenden äußeren Kräfte, d. h.

$$\frac{d\,J}{d\,t} = \frac{d\,i_B}{d\,t} - \frac{d\,i_c}{d\,t} + \Sigma P \quad \ldots \ldots \ldots \ldots \quad (9)$$

Zunächst soll J bestimmt werden. dm sei die Masse eines Teilchens, das die Länge dx, den Querschnitt df und die Geschwindigkeit v haben möge. Die Bewegungsgröße dieser Massenteilchen ist $dm \cdot v$ oder, da $dm = \frac{\gamma}{g} dx \cdot df$, auch gleich $\frac{\gamma}{g} dx df \cdot v$. Die Bewegungsgröße, die im ganzen zwischen den beiden um dx voneinander abstehenden Querschnitten enthalten ist, ist somit

$$d\,J = \int \frac{\gamma}{g} d\,x\,d\,f\,v = \frac{\gamma}{g} d\,x \int v\,d\,f.$$

[1]) Die hier gewählte Form der Beweisführung hat den Vorteil, daß sie auch für nicht gerade Rohre anwendbar bleibt. Zugleich ergibt sich, daß man die Länge in einer Krümmung nicht längs der Rohrmittellinie messen darf, sondern längs derjenigen Linie messen muß, auf welcher die Wassergeschwindigkeit gleich der mittleren Geschwindigkeit ist; diese Linie liegt dem Krümmungsmittelpunkt annähernd um $\frac{r^2}{4R}$ näher als die Rohrmittellinie [r = Radius des Rohres, K = Krümmungsradius der Rohrmittellinie] und ist deswegen kürzer als diese. Bei Nichtbeachtung dieses Umstandes wird die Rohrlänge zu groß eingesetzt und die Wassermenge erscheint zu klein. Der Unterschied ist jedoch unbedeutend und ergibt z. B. bei der Anlage Queenston, bei der das Rohr zwei Krümmer enthält, nur einen Fehler der Wassermenge von etwa —0,1%.

[2]) Z. d. V. d. I. 1924, S. 366.

Da $\int v\,df = c \cdot f$ ist, kann man auch $dJ = \frac{\gamma}{g} c \cdot f \cdot dx$ schreiben. Die im ganzen Raum zwischen B und C enthaltene Bewegungsgröße ergibt sich damit einfach als

$$J = \frac{\gamma}{g} c \cdot f \cdot l \quad \ldots \ldots \ldots \quad (10)$$

und hängt somit nur von der mittleren Geschwindigkeit bzw. der sekundlichen Wassermenge ab, ist also von der Geschwindigkeitsverteilung und allen Nebenströmungen streng unabhängig.

Durch Differentiation nach der Zeit erhält man aus Gl. (10)

$$\frac{dJ}{dt} = \frac{\gamma}{g} f l \frac{dc}{dt} \quad \ldots \ldots \ldots \quad (11)$$

Der Impulsstrom durch den Querschnitt B läßt sich ebenfalls sehr einfach angeben, da hier die Reibung noch nicht gewirkt hat, die Geschwindigkeit somit an allen Punkten dieselbe ist. Die sekundlich einströmende Masse ist $\frac{\gamma}{g} cf$, der Impulsstrom somit

$$\frac{d\,i_B}{dt} = \frac{\gamma}{g} f c^2 \quad \ldots \ldots \ldots \quad (12)$$

Der Impulsstrom durch den Querschnitt C würde sich bei nach Ort und Zeit gleichmäßiger Verteilung der Geschwindigkeiten natürlich ebenso groß ergeben. Leider ist jedoch die Strömung dort infolge der Reibungswirkungen ungleichmäßig. Die augenblickliche Wassergeschwindigkeit v für irgendeinen Punkt des Querschnitts kann zerlegt werden in den zeitlichen Mittelwert für die betreffende Stelle v_m und in eine Schwankungsgeschwindigkeit v'. Diese Zerlegung ist in Abb. 3 angedeutet, indem die ausgezogene Linie den Augenblickswert der Geschwindigkeiten, die punktierte Linie den Verlauf der zeitlichen Mittelwerte darstellen soll. Setzt man also

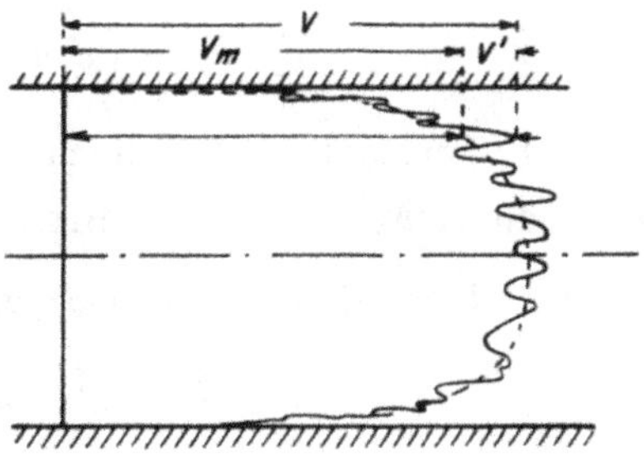

Abb. 3.

$$v = v_m + v' \quad \ldots \ldots \ldots \quad (13)$$

so ist die Bewegungsgröße, die während der Zeit dt durch das Element df des Querschnittes C abgeführt wird (sekundliche Masse mal Geschwindigkeit) gleich

$$\frac{\gamma}{g} (v_m + v')^2 \cdot df.$$

Bezeichnet man ferner mit Δt eine kleine Zeitdauer, die groß gegen die Periode der Schwankungen von v', aber immer noch klein im Vergleich zu der Zeit ist, innerhalb deren die Leitvorrichtung der Turbine geschlossen wird, so ergibt sich die Bewegungsgröße, die während der Zeit Δt durch das Flächenelement df abgeführt wird zu $\frac{\gamma}{g} \int\limits_{(\Delta t)} (v_m + v')^2\, df$ oder zu

$$\frac{\gamma}{g} df \int\limits_{(\Delta t)} v_m^2\, dt + \frac{2\gamma}{g} df \int\limits_{(\Delta t)} v_m v'\, dt + \frac{\gamma}{g} df \int v'^2\, dt.$$

Da v_m in dem betrachteten Flächenelement konstant ist, ist das erste Integral gleich $v_m^2 \cdot \Delta t$. Das zweite Integral ist Null, da v_m konstant und v' die Abweichung der tatsächlich augenblicklichen Geschwindigkeit von dem zeitlichen Mittelwert ist, so daß $\int v'\,dt = 0$. Der durch ein Element des Querschnitts während der Zeit Δt abgeführte Impuls ist somit

$$\frac{\gamma}{g} \Delta t\, v_m^2\, df + \frac{\gamma}{g} df \int\limits_{(\Delta t)} v'^2\, dt.$$

Die Summierung über den ganzen Querschnitt ergibt den während der Zeit $\varDelta t$ abgeführten Impuls zu

$$\varDelta i_c = \frac{\gamma}{g} \varDelta t \int\limits_{(f)} v_m^2\, df + \frac{\gamma}{g} \int\limits_{(f)} df \int\limits_{(\varDelta t)} v'^2\, dt \qquad (14)$$

Das zweite Glied auf der rechten Seite kann aufgefaßt werden als das Produkt von $f \cdot \varDelta t$ mit einem für den ganzen Querschnitt gebildeten zeitlichen und örtlichen Mittelwert des Quadrats der Schwankungsgeschwindigkeit v'. Bezeichnet man diesen Mittelwert mit v_I^2, so geht Gl. (14) über in

$$\varDelta i_c = \frac{\gamma}{g} \varDelta t \int\limits_{(f)} v_m^2\, df + \frac{\gamma}{g} \varDelta t\, v_I^2 \qquad (15)$$

Da die Unterscheidung zwischen $\varDelta t$ und dt nur deswegen notwendig war, um den Mittelwert v_I^2 zu definieren, kann man jetzt wieder dt statt $\varDelta t$ und di_c statt $\varDelta i_c$ schreiben; Gl. (15) geht dann über in

$$\frac{di_c}{dt} = \frac{\gamma}{g} \int\limits_{(f)} v_m^2\, df + \frac{\gamma}{g} f v_I^2 \qquad (16)$$

Zur weiteren Vereinfachung setzt man

$$v_m = c + v'' \qquad (17)$$

v'' ist dann die Abweichung der zeitlich mittleren Wassergeschwindigkeit im betrachteten Querschnittselement von der mittleren Geschwindigkeit im ganzen Querschnitt. Durch Einsetzen von $v_m^2 = c^2 + 2cv'' + v''^2$ in Gl. (16) ergibt sich

$$\frac{di_c}{dt} = \frac{\gamma}{g} \int\limits_{(f)} c^2\, df + \frac{2\gamma}{g} \int\limits_{(f)} c\, v''\, df + \frac{\gamma}{g} \int\limits_{(f)} v''^2\, df + \frac{\gamma}{g} f v_I^2 \qquad (18)$$

Da c konstant ist, vereinfacht sich das erste Integral zu $c^2 f$; das zweite Integral ist gleich Null, da v'' die Abweichung vom Mittelwert c, $\int\limits_{(f)} v''\, df$ somit gleich Null ist. Setzt man schließlich den Mittelwert des Quadrats von v'' gleich v_{II}^2, so daß $\int\limits_{(f)} v''\, df = v_{II}^2 \cdot f$, so geht Gl. (18) über in

$$\frac{di_c}{dt} = \frac{\gamma}{g} f c^2 + \frac{\gamma}{g} f v_{II}^2 + \frac{\gamma}{g} f v_I^2 \qquad (19)$$

Beim Einsetzen der Gleichungen (11), (12) und (19) in Gleichung (9) hebt sich das erste Glied von $\frac{di_c}{dt}$ gegen $\frac{di_B}{dt}$ fort, und man erhält

$$\frac{\gamma}{g} f l \frac{dc}{dt} = -\frac{\gamma}{g} f v_{II}^2 - \frac{\gamma}{g} f v_I^2 + \Sigma P.$$

Die auf die Wassermasse wirkenden Kräfte bestehen 1. aus der dem Druckunterschied zwischen B und C entsprechenden Kraft, und 2. aus der durch die Rohrwand auf das Wasser übertragenen, der Fließrichtung entgegen wirkenden Reibungskraft R. Durch Einführung von $\Sigma P = f(p_B - p_c) - R$ geht die obige Gleichung über in

$$\frac{\gamma}{g} f l \frac{dc}{dt} = -\frac{\gamma}{g} f v_{II}^2 - \frac{\gamma}{g} f v_I^2 + f(p_B - p_c) - R \qquad (20)$$

Um $p_B - p_c$ durch den beobachteten Druckunterschied $p_A - p_c$ ausdrücken zu können, muß man $p_A - p_B$ aus Gl. (7) entnehmen; obwohl bei der Ableitung von Gl. (7) Reibungsfreiheit vorausgesetzt worden war, ist sie, wie bereits erwähnt, auch auf die wirkliche Strömung anwendbar, da die Reibung auf dem Wege von A bis B so gut wie gar nicht zur Wirkung kommt. Führt man

$$p_B - p_c = p_A - p_c - (p_A - p_B) = p_A - p_c - \frac{\gamma}{g} l' \frac{dc}{dt} - \gamma \frac{c^2}{2g}$$

in Gl. (20) ein und setzt wieder $l + l' = L$, so ergibt sich

$$\frac{\gamma}{g} f L \frac{dc}{dt} = f(p_A - p_c) - \gamma f \frac{c^2}{2g} - \frac{\gamma}{g} f (v_{II}^2 + v_I^2) - R \qquad (21)$$

In diesem Ausdruck ist außer v_{II}^2 und v_I^2 zunächst auch R unbekannt. Die einfachste Annahme, die man für den Verlauf der Reibungskraft während des Schließvorgangs machen kann, ist die, daß sie jeweils so groß ist, wie sie bei einem Beharrungszustand mit derselben sekundlichen Wassermenge sein würde; diese Annahme liegt auch den Gibsonschen Ableitungen zugrunde. Da die Reibungskraft für den Beharrungszustand mit einer für den vorliegenden Zweck völlig genügenden Genauigkeit dem Quadrat der mittleren Wassergeschwindigkeit proportional gesetzt werden kann, ergibt sich zunächst

$$R = \frac{c^2}{c_0^2} R_0 \quad \ldots\ldots\ldots\ldots\ldots\ldots \quad (22)$$

(der für den der Messung vorangehenden Beharrungszustand geltende Wert von R ist durch den Index Null gekennzeichnet). R_0 kann weiterhin aus der für den der Messung vorangehenden Beharrungszustand angeschriebenen Gl. (21) $\left(\frac{dc}{dt} = 0\right)$ zu

$$R_0 = f(p_{A0} - p_{c0}) - \gamma f \frac{c_0^2}{2g} - \frac{\gamma}{g} f(v_{II0}^2 + v_{I0}^2) \quad \ldots\ldots\ldots \quad (23)$$

bestimmt werden. Setzt man den Wert von R, der sich aus Gl. (22) und (23) ergibt, in Gl. (21) ein und ordnet, so folgt durch kurze Rechnung

$$-\frac{dc}{dt} = \frac{g}{\gamma L}\left\{(p_c - p_A) + \frac{c^2}{c_0^2}(p_{A0} - p_{c0}) + \frac{\gamma}{g}(v_{II}^2 + v_I^2) - \frac{c^2}{c_0^2}\frac{\gamma}{g}(v_{II0}^2 + v_{I0}^2)\right\} \quad (24)$$

Das dritte Glied in der Klammer gibt den jeweiligen Einfluß der zu der mittleren Geschwindigkeit c hinzutretenden Nebengeschwindigkeiten an. Das vierte Glied entspricht dem Betrage, um den die Reibungskraft, die in dem der Beobachtung vorausgehenden Beharrungszustande wirksam war, zu groß angesetzt werden würde, wenn man die im Beharrungszustande vorhandenen Nebenbewegungen nicht beachten würde.

Bei Vernachlässigung der Nebenbewegungen würde Gl. (24) in

$$-\frac{dc}{dt} = \frac{g}{\gamma L}\left\{(p_c - p_A) + \frac{c^2}{c_0^2}(p_{A_0} - p_{c_0})\right\}$$

übergehen. Der von Gibson zur Auswertung benutzte Ansatz entspricht dieser Gleichung.

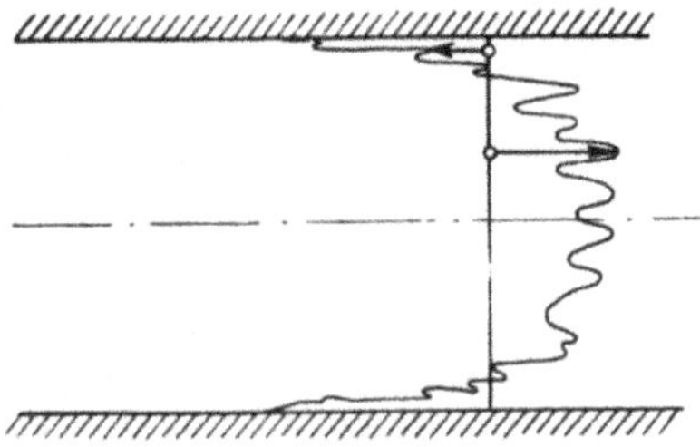
Abb. 4.

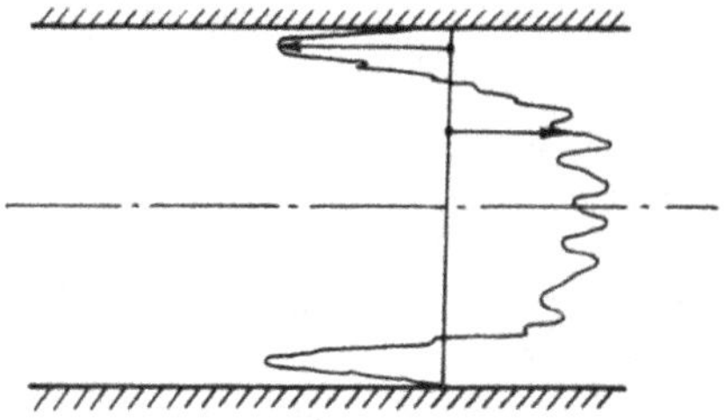
Abb. 5.

Diese Gleichung würde sich auch noch dann ergeben, wenn man annehmen dürfte, daß v_{II}^2 und v_I^2 während des Schließvorgangs proportional mit c^2 herabgehen; die beiden letzten Glieder von Gl. (24) würden sich dann gegeneinander fortheben. Diese Annahme wäre aber bestimmt unzutreffend. Am einfachsten erkennt man dies, wenn man den Fall betrachtet, daß die sekundliche Wassermenge fast plötzlich vom Anfangswert auf Null erniedrigt wird: alle Wasserteilchen stehen dann für die gleiche kurze Zeit unter der Wirkung desselben starken (negativen) Druckgefälles, so daß die Geschwindigkeit jedes Teilchens sich von dessen Anfangsgeschwindigkeit um denselben Betrag unterscheidet (Abb. 4); die Werte von v_{II} und v_I sind dann durch die plötzliche Verminderung der Wassermenge auf Null überhaupt nicht geändert worden. Wenn die Abschlußzeit etwas länger ist, wird der Einfluß der Wandreibung, welche das zurückströmende Wasser festzuhalten sucht, in einer Schicht von merklicher Dicke wirksam, so daß nach dem

Abschluß die in Abb. 5 angedeutete Geschwindigkeitsverteilung besteht. Immerhin dürfte der Ansatz $v_{II}^2 + v_I^2 = v_{II_0}^2 + v_{I_0}^2$ der Wahrheit näher kommen, als die oben erwähnte Annahme.

Wenn man Gl. (24) auf die Zeit nach dem vollständigen Abschluß anwendet, so ergibt sich mit $\frac{dc}{dt} = 0$ und $c = 0$

$$p_c - p_A = -\frac{\gamma}{g}\,(v_{II}^2 + v_1^2).$$

Im Meßquerschnitt bleibt also — bis zum Abklingen der Nebenbewegungen — ein Unterdruck bestehen (der in den von Gibson veröffentlichtem Diagramm durch die starken Eigenschwingungen der Quecksilbersäule verdeckt wird). Man versteht dieses Ergebnis, wenn man beachtet, daß trotz des Herabgehens der Durchflußmenge auf Null das Wasser im Rohr nicht zur Ruhe gekommen ist; der Kern der Wassersäule strömt nach vorwärts, während ein Randstrom zurückläuft. Zwar ist der Impulsinhalt Null geworden und bleibt Null, nicht aber der Impulsstrom durch die Querschnitte; der Meßquerschnitt C entläßt nach abwärts fließendes Wasser und empfängt rückströmendes Wasser. Da der Impulsinhalt der oberhalb des Querschnittes gelegenen Rohrstrecke sich nicht mehr ändert, muß dieser Impulsstrom durch einen Unterdruck im Meßquerschnitt ausgeglichen werden.

Diese Umstände wirken natürlich auch bereits während des Abschlußvorganges mit und bewirken, daß der Druck im Meßquerschnitt nicht so stark steigt, als es bei Abwesenheit der Nebenbewegungen der Fall wäre. Die Abschirmung des Druckes erfolgt in der Nähe des Einlaufes, wo das rückströmende Wasser wieder umkehrt; das rückströmende Wasser der Randschicht kann nicht in den unter höherem Druck stehenden Behälter vordringen, es kehrt um und zwingt dem frisch aus dem Behälter eintretenden Wasserstrom eine Querschnittsverminderung mit entsprechender Geschwindigkeitserhöhung auf, die den zusätzlichen Druckabfall bewirkt. Abb. 6 soll diesen Vorgang andeuten, gibt aber selbstverständlich nur ein unvollkommenes Bild desselben, da es sich in Wirklichkeit um einen nichtstationären Zustand handelt, der durch Einzeichnen von Stromlinien nicht vollständig wiedergegeben werden kann, wie ja überhaupt die Darstellungsmittel unserer heutigen Hydraulik nicht auf die Behandlung nichtstationärer Vorgänge zugeschnitten sind.

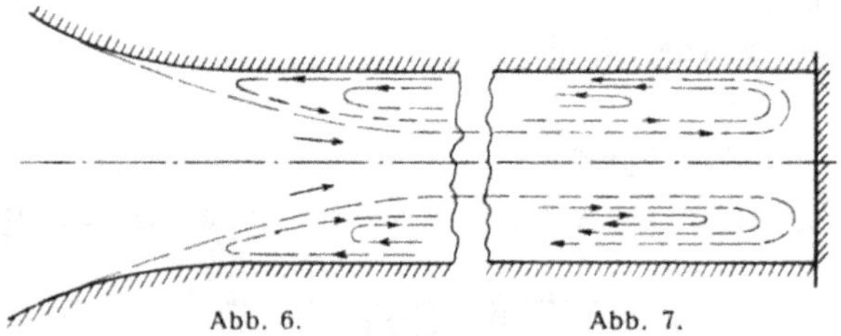

Abb. 6. Abb. 7.

Auch am unteren Ende der Rohrleitung findet eine Umkehrung der Strömung statt. Würde man den mittleren Druck unmittelbar vor einem die Leitung absperrenden Schieber messen können (Abb. 7), so würde sich dort natürlich kein Unterdruck ergeben.

Die Hoffnung, daß das Gibsonsche Wassermeßverfahren, im Gegensatz zu den eingangs erwähnten anderen Meßverfahren, grundsätzlich durch die Nebenbewegungen nicht gestört wird, hat sich also leider nicht erfüllt. Es bleibt nun noch übrig, die Größenordnung der möglichen Fehler einzuschätzen.

Da über die Größenordnung von v_I^2 keine Literaturangaben vorliegen, muß man zu einer indirekten Abschätzung greifen. Es ist bekannt, daß Geschwindigkeitsmessungen mit Pitotrohren im turbulenten Strom aus den eingangs dargelegten Gründen eine um etwa 1 bis 2% zu große Wassergeschwindigkeit ergeben. Eine einfache Rechnung läßt erkennen, daß der verhältnismäßige Fehler der Geschwindigkeitsmessung $\frac{v_1^2}{2\,v_m^2}$ ist. (v_m = mittlere Geschwindigkeit im Meßpunkt, v_1^2 Mittelwert des Quadrates der zeitlich veränderlichen Zusatzgeschwindigkeit.) Innerhalb der hier möglichen Genauigkeitsgrenzen ist es zulässig, statt v_1 und v_m die für den Rohrquerschnitt geltenden Mittelwerte zu setzen. Man erhält somit, wenn man, um den Fehler nicht zu groß erscheinen zu lassen, vorsichtigerweise den bei Staurohrmessungen auftretenden Fehler mit 1% ansetzt

$$v_{I0}^2 = 0{,}02\,c_0^2.$$

Zur Abschätzung von v_{II0}^2 stehen zwei Wege offen. Einerseits kann man die bekannten Formeln für die Geschwindigkeitsverteilung in geraden, glatten, langen Rohren heranziehen; man erhält dann $v_{II0}^2 = 0{,}02\, c_0^2$. Die Verhältnisse werden dabei aber zu günstig beurteilt, weil Turbinenrohrleitungen wohl niemals so gerade und glatt sind, wie die Rohre, mit denen im Laboratorium die Formeln für die Geschwindigkeitsverteilung gewonnen wurden, und weil in den meisten Fällen die Strömung auch noch mit Unsymmetrien behaftet sein wird, die von dem unsymmetrischen Rohreinlauf herrühren und eine Vergrößerung von v_{II0}^2 bewirken. Deswegen ist es wohl sicherer, von dem bekannten Beiwert α auszugehen, der das Verhältnis der tatsächlich durch einen Querschnitt strömenden Geschwindigkeitsenergie zu der der mittleren Wassergeschwindigkeit entsprechenden Energie angibt. Die Angaben für α schwanken zwischen 1,085 und 1,15. Man sieht leicht, daß der Impulstransport durch die Ungleichmäßigkeit der Geschwindigkeitsverteilung etwa im Verhältnis 3 : 1 schwächer beeinflußt wird, als der Energietransport. Man darf also $v_{II0}^2 = 0{,}028$ bis $0{,}05 \cdot c_0^2$ oder als Mittel etwa $v_{II0}^2 = 0{,}04\, c_0^2$ annehmen, so daß sich im ganzen

$$v_{II0}^2 + v_{I0}^2 = 0{,}06\, c_0^2$$

ergibt.

Wählt man den oben erwähnten Ansatz

$$v_{II}^2 + v_I^2 = v_{II0}^2 + v_{I0}^2$$

und nimmt ferner an, daß c während der Beobachtungszeit gleichmäßig von c_0 auf den Endwert Null herabgeht, so wird in Gl. (24) der Ausdruck

$$\frac{\gamma}{g}(v_{II}^2 + v_I^2) - \frac{c^2}{c_0^2}\frac{\gamma}{g}(v_{II0}^2 + v_{I0}^2),$$

der als Fehlerglied bezeichnet sei, im Mittel für die ganze Beobachtungszeit gleich $\frac{2}{3}\frac{\gamma}{g}\, 0{,}06 \cdot c_0^2$. Der Umstand, daß $v_{II}^2 + v_I^2$ während der Beobachtung nicht völlig unverändert bleibt, sondern zwischen $v_{II0}^2 + v_{I0}^2$ und

$$\frac{c^2}{c_0^2}(v_{II0}^2 + v_{I0}^2)$$

liegt, möge durch Erniedrigung des Faktors $^2/_3$ auf $^1/_3$ berücksichtigt werden. Damit ergibt sich der Mittelwert des Fehlergliedes zu

$$0{,}02\, \frac{\gamma}{g} c_0^2 = 0{,}04\, \gamma\, \frac{c_0^2}{2g}.$$

Aus den von Gibson veröffentlichten Druckdiagrammen läßt sich $\frac{c_0^2}{2g}$ nicht entnehmen, da der aus den Diagrammen hervorgehende Wert $\frac{p_{A_0} - p_{C_0}}{\gamma}$ sich aus Geschwindigkeitshöhe und Reibungsverlusthöhe zusammensetzt. In einem von Gibson angegeben Rechnungsbeispiel, welches sich auf ein von Gibson gebrachtes, hier jedoch nicht wiedergegebenes Druckdiagramm bezieht, befindet sich eine Bemerkung, aus der hervorgeht, daß von $\frac{p_{A_0} - p_{C_0}}{\gamma}$ dort zwei Drittel auf die Geschwindigkeitshöhe und ein Drittel auf Reibungshöhe entfallen. Nimmt man an, daß dieses Verhältnis auch bei dem hier in Abb. 8 wiedergegebene Druckdiagramm Gibsons[1]) obwaltet, so ergibt sich der durch das Fehlerglied verursachte Fehler des Ergebnisses für dieses Druckdiagramm zu $-1{,}5\%$, während sich für das Diagramm des Rechnungsbeispiels ein Fehler von $-0{,}9\%$ ergibt. Die wirklichen Wassermengen wären danach um 1,5% bzw. 0,9% größer gewesen, als aus der Gibsonschen Auswertung folgt.

Bei der Prüfung des Gibsonschen Wassermeßverfahrens im hydraulischen Laboratorium der Cornell-Universität, über die Gibson berichtet, haben sich jedoch nur sehr geringe Fehler, im Mittel etwa $+0{,}1\%$ ergeben; dabei wurde die tatsächliche Wassermenge nach der einzigen ganz einwandfreien Methode, nämlich durch Messung mit einem geeichten Behälter bestimmt.

[1]) Gibson, a. a. O., S. 22, Abb. 8.

Es müssen also noch andere Fehlerquellen vorhanden sein, welche in entgegengesetztem Sinne wirken. In der Tat ist die bei Ableitung der Gl. (24) gemachte Annahme, daß während des Schließvorganges die Reibung ebenso groß wie bei einem Beharrungszustand mit gleicher Gesamtwassermenge sei (Gl. (22)), bestimmt nicht ganz genau. Betrachtet man beispielsweise den Zustand nach vollständigem Aufhören des Wasserdurchflusses, so würde nach dieser Annahme die Reibung Null sein. In Wirklichkeit wird dann jedoch von der Rohrwand, welche an den zurückfließenden Randstrom grenzt, eine nach abwärts gerichtete Reibungskraft auf das Wasser übertragen. Dieser Umstand ist auch schon während des Fließvorganges wirksam, er erniedrigt den Betrag der Reibung unter dasjenige Maß, welches bei gleicher Wassermenge im Beharrungszustand vorhanden sein würde. Schätzt man den Fehler, der durch jene Einschätzung der Reibung begangen wird, ungefähr zu $^1/_{10}$ bis $^1/_{20}$ desjenigen Reibungsbetrages, welcher im Beharrungszustand zu Beginn der Messung auftritt, so wäre aus diesem Grunde das Ergebnis der Auswertung beim Druckdiagramm Abb. 8 mit einem Fehler von +0,9 bis +1,8%, bei dem Druckdiagramm des Rechnungsbeispieles mit einem Fehler von +0,6 bis +1,1% behaftet.

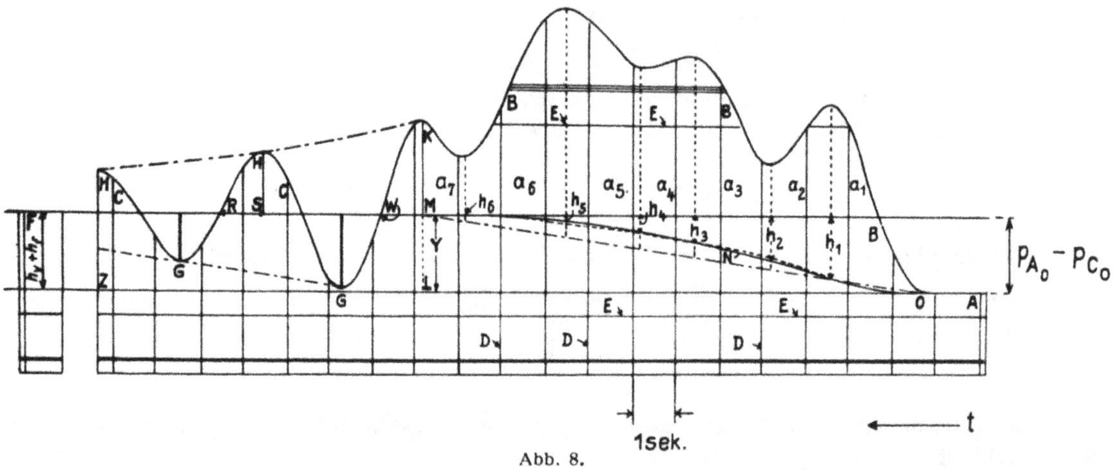

Abb. 8.

Es muß natürlich beachtet werden, daß den Angaben über die Fehler nur grobe Abschätzungen zugrunde liegen, so daß man als Endergebnis der Untersuchung nur sagen kann, daß bei der Auswertung der von Gibson gegebenen Diagramme zwei in entgegengesetztem Sinne wirkende Fehler entstehen, von denen der erste in der Größenordnung von −1%, der zweite in der Größenordnung von +1% liegt.

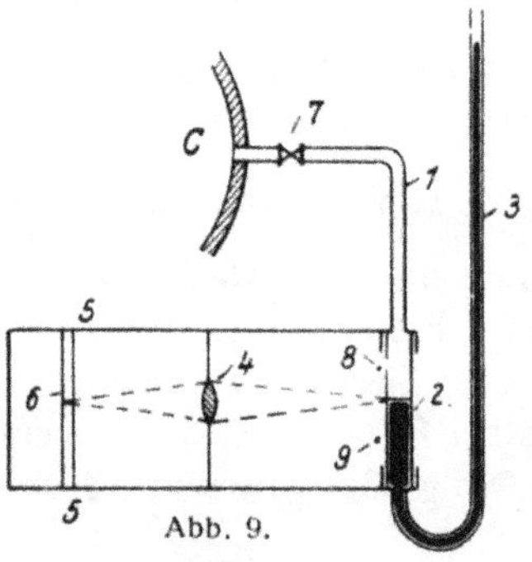

Abb. 9.

Ein weiterer Einwand, der sich jedoch nicht auf das Gibsonsche Meßverfahren an sich, sondern nur auf die Art der Auswertung bezieht, hängt mit dem von Gibson zur Aufzeichnung der Druckdiagramme benutzten Apparat zusammen, auf den deswegen jetzt näher eingegangen werden muß. Die wesentlichen Teile dieses Druckschreibers sind in Abb. 9 dargestellt. Das Glasrohr *2* ist durch das Wassergeüllte Rohr *1* an die Rohrleitung (Meßquerschnitt *C*) angeschlossen; das untere Ende des Glasrohres ist durch ein Bogenstück mit dem engeren Steigrohr *3* verbunden; Steigrohr und Glasrohr sind in der aus der Abbildung ersichtlichen Weise mit Quecksilber gefüllt. Die durch Druckänderungen im Meßquerschnitt verursachten Schwankungen des Quecksilberspiegels in dem von rechts her beleuchteten Glasrohr werden photographisch registriert: die Linse *4* entwirft durch den schmalen vertikalen Spalt *5*—*5* hindurch ein Bild der Quecksilbersäule auf den dahinter befindlichen photographischen Film *6*, der durch ein Uhrwerk in wagerechter Richtung verschoben wird. Ein in der Abbildung nicht gezeichnetes

Fadenpendel deckt jede Sekunde einmal den Spalt für kurze Zeit ab und erzeugt dadurch Sekundenmarken auf dem Film.

Diese Einrichtung hat erhebliche versuchstechnische Vorteile, weil einerseits nur Flüssigkeitsreibung auftritt und weil anderseits das Instrument vor jedem Versuch in einfachster Weise geeicht werden kann; dazu werden im Rohr *1* nach Schließen des Hahnes *7* verschiedene Drucke eingestellt, durch Bestimmung des Höhenunterschiedes der beiden Quecksilberspiegel gemessen und gleichzeitig photographisch aufgezeichnet; als Marken für die Ausmessung des Films dienen die Bilder zweier feiner Drähte *8* und *9*, die quer vor das Glasrohr gespannt sind, so daß man von zufälligen Verschiebungen des Films in vertikaler Richtung unabhängig wird.

Den großen versuchstechnischen Vorteilen dieser Einrichtung steht jedoch der Nachteil gegenüber, daß das Instrument eine lange Eigenschwingungsdauer besitzt. Infolgedessen zeigt das Instrument nicht den augenblicklichen Druck im Meßquerschnitt an und schwingt auch nach vollständigem Schluß der Turbinenleitvorrichtung noch lange nach. Um die Einwirkung des Nachschwingens auszuscheiden, bestimmt Gibson zunächst den Punkt, an welchem die registrierte Drucklinie in die Linie der gedämpften, nach vollständigem Schluß der Leitvorrichtung zurückbleibenden Schwingung einläuft. Dieser Punkt, k in Abb. 8, gibt die Zeit an, zu der die Schlußstellung der Leitvorrichtung erreicht wurde. Gibson betrachtet nun als Ende des für die Auswertung maßgebenden Druckdiagrammes diejenige Zeit, zu welcher die Linie der gedämpften Schwingung zum ersten Male im Maximum oder Minimum erreicht; die Lage dieses Maximums bzw. Minimums wird dabei durch eine kleine Hilfsrechnung scharf bestimmt. Es fragt sich nun, ob diese Festsetzung der Diagrammgrenze zu Fehlern führt. Von den in der Gleichung für $\frac{dc}{dt}$ (Gl. (24)) auf der rechten Seite stehenden Gliedern überwiegt das erste. Infolgedessen kommt es hauptsächlich darauf an, ob das Zeitintegral des Druckunterschiedes oder — da der Druck im Oberwasser nur wenig schwankt und zudem durch eine unabhängige Vorrichtung registriert wird — das Zeitintegral des Druckes im Meßquerschnitt aus dem Diagramm richtig entnommen wird. Wenn die Bewegung der Quecksilbersäule reibungsfrei erfolgen würde, wäre dies bei der von Gibson gewählten Festsetzung des Diagrammbereiches in der Tat der Fall; der Impuls der Quecksilbersäule ist nämlich am Ende der Beobachtung ebenso wie am Anfang derselben Null, da sie beide Male in Ruhe ist, so daß der Inhalt der Diagrammfläche dem Zeitintegral des Druckes im Meßquerschnitt entspricht. Da jedoch in Wirklichkeit bei der Bewegung der Quecksilbersäule Flüssigkeitsreibung überwunden werden muß, ist während der Beobachtung auch durch die Reibungskraft Impuls aufgenommen worden. Wenn es, wie im vorliegenden Falle, zulässig ist, die Reibung der Geschwindigkeit der Quecksilbersäule proportional zu setzen, läßt es sich leicht nachweisen, daß der insgesamt von der Reibung aufgenommene Impuls nur von dem Unterschiede der Druckanzeigen bei Anfang und Ende der Beobachtung abhängt.

Um dies im einzelnen nachzuweisen, sei der Einfachheit wegen der Druck im Meßquerschnitt mit p, die Druckanzeige des Apparates mit p' bezeichnet. Der Fehler des Ergebnisses, der sich ergibt, wenn man in Gl. (24) nur das überwiegende erste Glied beachtet, ist

$$\Delta c = \frac{9}{\gamma L}\left\{\int p\,dt - \int p'\,dt\right\}.$$

Die Bewegungsgleichung der Quecksilbersäule läßt sich in folgender Form anschreiben:

$$a\frac{d^2 p'}{d t^2} + k\frac{d p'}{d t} + p' = p \quad \dots\dots\dots\dots\dots \quad (25)$$

Dabei ist a ein von der Masse der Quecksilbersäule, deren Querschnitten usw. abhängiger Beiwert und k ein Reibungsbeiwert, die bei nicht zu großen Ausschlägen als unveränderlich angenommen werden dürfen. Durch einmalige Integration von Gl. (25) nach der Zeit zwischen dem Anfang (Index 0) und dem Ende (Index 1) der Beobachtung ergibt sich

$$a\left[\left(\frac{d p'}{dt}\right)_1 - \left(\frac{d p'}{dt}\right)_0\right] + k\,(p_1' - p_0') + \int_{t_0}^{t_1} p'\,dt = \int_{t_0}^{t_1} p\,dt.$$

In diesem Ausdruck ist das erste Glied Null, weil die Quecksilbersäule zu Beginn und zu Ende der Beobachtung in Ruhe ist. Das dritte Glied auf der linken Seite ist das Zeitintegral der Druckanzeige, welches also um den Betrag $k\,(p_1' - p_0')$ zu klein ist. Den zunächst unbekannten Beiwert k kann man aus zwei Größen ermitteln, die sich aus den Diagrammen entnehmen lassen, nämlich aus der Eigenschwingungsdauer T des Apparates und aus dem Verhältnis ψ, in welchem jeder Ausschlag der gedämpften Schwingung zu dem nach der gleichen Seite erfolgenden nächsten Ausschlag steht. Bezeichnet man den (annähernd) unveränderlichen Druck, der sich nach vollständigem Abschluß der Leitvorrichtung einstellt, mit p_2, so ergibt sich aus der dafür geltenden Lösung von Gl. (25)

$$p' = p_2 + e^{-\frac{k}{2a}t}\left\{A \sin \sqrt{\frac{1}{a} - \frac{k^2}{4a^2}}\cdot t + B \cos \sqrt{\frac{1}{a} - \frac{k^2}{4a^2}}\, t\right\}$$

nach einigen Umrechnungen der Ausdruck

$$k = \frac{T \cdot \ln \psi}{2\pi^2 + \frac{(\ln \psi)^2}{2}}.$$

Das zweite Glied im Nenner kann bei den hier auftretenden Werten von ψ vernachlässigt werden. Das Zeitintegral des Druckunterschiedes ergibt sich demgemäß zu klein um den Betrag

$$\frac{T \cdot \ln \psi}{2\pi^2}(p_1' - p_0').$$

$p'_1 - p'_0$ kann aus den Diagrammen abgelesen werden, wobei allerdings noch der Maßstab fehlt. Gleichwohl kann man, wie leicht erkennbar ist, den verhältnismäßigen Fehler der Wassermenge angeben. Man findet

für des erste Diagramm (Abb. 8) $\psi = 1{,}54$, $T = 3{,}8$ sec
Fehler der Wassermenge $= -0{,}83\%$

für das zweite Diagramm (Rechnungsbeispiel Fig. 10 Gibsons) $\psi = 1{,}57$, $T = 4{,}0$ sec
Fehler der Wassermenge $= -0{,}62\%$.

Die wirkliche Wassermenge ist in beiden Fällen um diesen Betrag größer gewesen, als bei der Auswertung ermittelt wurde. Bei beiden Diagrammen ist der nach vollständigem Schluß der Leitvorrichtung eintretende erste Extremwert der Druckanzeige ein Maximum. Wäre zufällig der erste Extremwert der Anzeige ein Minimum gewesen, so wäre der Fehler positiv und dem Betrage nach viel kleiner geworden. Aus der Gibsonschen Veröffentlichung kann nicht entnommen werden, in welchem Sinne der Fehler bei der Auswertung der in der Cornell-Universität vorgenommenen Prüfung des Meßverfahrens gewirkt hat.

Bei den obigen Entwicklungen war angenommen worden, daß es nur auf das Zeitintegral der Druckanzeige ankommt, entsprechend der Vernachlässigung der drei letzten Glieder in Gl. 24). Von diesen sind die beiden letzten selbst nur kleine Korrekturglieder, während das Glied $\frac{c^2}{c_0^2}(p_{A_0} - p_{c_0})$ doch immerhin von erheblichem Einfluß ist. Es ist nun leicht einzusehen, daß durch die Trägheit der Quecksilbersäule ein auf Vergrößerung der Wassermenge wirkender Fehler hinzukommt: im Anfang der Beobachtung bleibt nämlich der angezeigte Druck hinter dem wirklichen Druck zurück, und dies hat zur Folge, daß anfänglich die Wassergeschwindigkeit und damit auch das oben angeführte Glied zu groß beurteilt werden. Der Betrag des dadurch entstehenden Fehlers läßt sich nicht so genau ermitteln, wie bei dem vorher behandelten Fehler. Um einen Anhalt für die Abschätzung zu gewinnen, wurde für den einfachen Fall, daß $\frac{dc}{dt}$ während der Beobachtung konstant ist, das Verhalten des Druckschreibers nachgerechnet. Dabei ergab sich als verhältnismäßiger Fehler der nach der Gibsonschen Anweisung ausgewerteten Wassermenge

$$+\frac{1}{2\pi^2}\left(\frac{T}{T_s}\right)^2\frac{p_{A_0}-p_{c_0}}{p_m}$$

(T = Eigenschwingungsdauer des Druckschreibers, T_s = Schlußzeit der Leitvorrichtung, p_m = Mittelwert von

$$p_c - p_A + \frac{c^2}{c_0^2}(p_{A_0}-p_{c_0})$$

während der Beobachtung.) In Wirklichkeit ist natürlich die Verzögerung der Wassergeschwindigkeit während der Beobachtung keine gleichmäßige, aber immerhin wird man die obige Formel zur Abschätzung der Größenordnung des Fehlers gebrauchen dürfen. Es ergibt sich mit ihr für das erste Diagramm (Abb. 8)

Fehler der Wassermenge = +0,3%,

für das zweite Diagramm (Rechnungsbeispiel, Fig. 10 Gibsons)

Fehler der Wassermenge = + 0,09%.

Dieser Fehler ist also unbedeutend und tritt gegen die anderen Fehler zurück.

Zusammenfassend kann gesagt werden, daß vier Fehlerquellen ermittelt worden sind, nämlich:

1. Fehler durch Nebenbewegungen, Größenordnung — 1%,
2. Fehler durch falsche Aoschätzung der Reibung, Größenordnung +1%,
3. Fehler durch Reibung der Quecksilbersäule, Größenordnung —0,5 bis —1%,
4. Fehler durch Trägheit der Quecksilbersäule, Größenordnung +0,1 bis +0,3%.

Selbstverständlich sind außer diesen Fehlerquellen (wie bei jeder Messung) noch andere Fehlerquellen vorhanden, die durch mangelhafte Schärfe der Instrumente, durch die Fehler bei der Ausmessung der Rohrleitung, durch Ungenauigkeiten der Auswertung usw. erzeugt werden. Diese Fehler lassen sich jedoch bei genügender Sorgfalt auf ein unschädliches Maß herabdrücken und brauchen hier nicht eigens behandelt zu werden, zumal da sie bei jeder Wassermeßmethode in ähnlicher Weise mitwirken.

Von den obigen vier Fehlern läßt sich der dritte ohne weiteres bei der Auswertung beseitigen, der vierte ist so unbedeutend, daß auch eine rohe Abschätzung genügt. Maßgebend sind die unter 1 und 2 aufgeführten Fehler, welche den Genauigkeitsgrad der Messung bestimmen. Aber auch diese Fehler sind klein, so daß man als Schlußergebnis für die Gibsonmessung in ihrer bisherigen Form wohl sagen darf, daß der Genauigkeitsgrad unter günstigen Umständen dem einer unter günstigen Umständen mit großer Sorgfalt vorgenommenen Flügelmessung ungefähr gleicht.

Bei der Beurteilung der angegebenen Fehlerbeträge muß beachtet werden, daß sie sich nur auf die von Gibson veröffentlichten Diagramme beziehen, und weiterhin, daß bei der Abschätzung des Fehlers 1 angenommen worden ist, daß die Strömung so ruhig ist, wie in einem geraden Rohr praktisch erreicht werden kann. Falls jedoch der Meßquerschnitt hinter einem Krümmer liegt, wie es gelegentlich der Fall gewesen zu sein scheint (z. B. bei der von Gibson als typisch bezeichneten Anlage Queenston) ist mit größeren Beträgen des Fehlers 1 zu rechnen. Wenn beispielsweise ein Zehntel des Meßquerschnittes von dem an den Krümmer anschließenden Totwasserbereich eingenommen wird, erhöht sich v_{II}^2 um $^1/_9$, d. h. von ca. 0,04 auf ca. 0,15. Für das Gibsonsche Wassermeßverfahren ist, ebenso wie bei der Flügelmessung, ein Meßquerschnitt mit ruhiger Strömung erwünscht. Bei der Prüfung in der Cornell-Universität lag der Meßquerschnitt in einer langen geraden Strecke, die Verhältnisse waren in dieser Hinsicht also besonders günstig.

Anderseits darf nicht vergessen werden, daß das Gibsonsche Verfahren erst auf eine kurze Entwicklungszeit zurückblickt und daß Verbesserungen möglich sind, die sich auf Versuche gründen müßten. Durch Versuche an einer einzelnen Versuchseinrichtung kann überhaupt kein Urteil über den unter anderen Verhältnissen zu erwartenden Genauigkeitsgrad erreicht werden, weil es dabei unbestimmt bleibt, in welcher Weise die in entgegengesetztem Sinne wirkenden Fehler sich gegenseitig aufgehoben haben. Man sollte versuchen, die einzelnen Fehler zu trennen. Dafür stehen verschiedene Wege offen. Wenn beispielsweise, unter sonst gleichbleibenden Verhältnissen, die Länge L vergrößert wird, tritt der Fehler 1 immer mehr gegen den Fehler 2 zurück — die Stärke der Nebenbewegungen nimmt ja nicht mehr zu, wenn L einen gewissen, vom Rohrdurchmesser abhängigen Betrag überschritten hat. Anderseits kann man den Fehler 2 isolieren, wenn man statt des Druckunterschiedes zwischen Meßquerschnitt und Behälter den Druckunterschied zwischen zwei Stellen der Leitung benutzt. (Diese Art der Wassermessung ist von Gibson bereits angewendet worden.) Wenn vor dem ersten Meßquerschnitt eine genügend lange gerade „Anlaufstrecke" und hinter dem zweiten Meßquerschnitt eine genügend lange Auslaufstrecke (wegen der Rückströmungen) vorhanden ist, sind die Nebenbewegungen in beiden Querschnitten von gleicher Stärke und ihr Einfluß auf den Druck fällt heraus. Bei ausgeführten Anlagen werden sich diese Bedingungen nur selten erfüllen lassen, wohl aber kann man sie an einer besonderen Versuchsanlage erfüllen. Auch der Einfluß eines dem Meßquerschnitt vorgeschalteten Krümmers, die Störung durch zu große Nähe des Abschlußorgans und andere Umstände können nur an einer Versuchsanlage festgestellt werden. Im Gegensatze zu dem jetzigen Zustande, wo nur eine rohe Abschätzung der Größenordnung der Fehler möglich ist, wird man dann die Korrekturen angeben können, die zum Ausgleich der Fehler an den Auswertungsergebnissen angebracht werden müssen. Da die Fehler an sich nicht groß sind, ist eine sehr große Genauigkeit bei der Angabe der Korrekturglieder nicht einmal erforderlich.

Die erhebliche Arbeit, welche zur Erreichung dieser Vervollkommnung erforderlich sein wird, darf nicht überraschen. Auch bei an sich so einfachen Meßeinrichtungen, wie es beispielsweise die Wage oder der durch die Schiffsbewegungen beeinflußte Kompaß ist, war eine außerordentlich große Arbeit, auf theoretischem wie auf experimentellem Gebiet, erforderlich, um die heutige Vollkommenheit zu erreichen. Man darf nicht erwarten, daß es bei dem neuen Wassermeßverfahren anders sein werde. An genügendem Anreiz zur Arbeit fehlt es auch hier nicht. Das Gibsonsche Verfahren hat in vielen Fällen große praktische Vorzüge vor den anderen Verfahren, es ermöglicht unter Umständen eine Messung auch dann, wenn die anderen Verfahren nicht angewendet werden können. So sollte man eine weitere Steigerung des Genauigkeitsgrades anstreben, denn möglichst genaue Messungen an Turbinenanlagen sind, als Ergänzung und Nachprüfung der Versuche in den Versuchsanstalten, von höchster Bedeutung für die technische Entwicklung des Wasserturbinenbaues.

Untersuchungen über den Verlust in rechtwinkligen Rohrverzweigungen.

Von Dipl.-Ing. Gustav Vogel.

I. Problemstellung.

Der Zweck der von Professor Dr. D. Thoma angeregten Versuche, welche in der vorliegenden Arbeit beschrieben werden sollen, war es, Klarheit über die Größe der Verluste in Rohrverzweigungen zu schaffen: Rohrverzweigungen, sog. T-Stücke, kommen nicht nur im allgemeinen Maschinenbau außerordentlich häufig vor, wir begegnen ihnen in großen Ausführungen auch im Wasserturbinenbau, in Fällen, wo zwei oder mehr Turbinen an einer Rohrleitung sitzen, oder bei großen Ringleitungen. Gleichwohl sind die hydraulischen Verluste in Verzweigungsstücken nur wenig erforscht. Dem Verfasser sind nur die Versuche von Brabbée[1]) bekannt geworden, die jedoch u. a. auch an dem Mangel leiden, daß sie an gewöhnlichen Gasrohrfittings ausgeführt worden sind, deren Form besonders, hinsichtlich der Abrundungsradien, ungenügend definiert ist. Die Brabbéeschen Ergebnisse lassen sich deswegen nicht mit Sicherheit auf Verzweigungsstücke anderer Art übertragen.

Im Gegensatz zu den aus Gußeisen hergestellten T-Stücken kleinerer Abmessungen, bei denen man in der Wahl der Form ziemlich frei ist, unterliegt die Formgebung der aus Blech gefertigten großen Stücke starken Beschränkungen im Hinblick auf die Herstellungskosten. Es war daher wünschenswert, eine Form zu finden, die bei möglichst günstigen hydraulischen Eigenschaften zu einem annehmbaren Preis hergestellt werden kann.

Zunächst war beabsichtigt, Versuche mit Abzweigstücken vorzunehmen, welche einen Rohrstrang unter verschiedenen Winkeln von einer Hauptleitung abzweigen bzw. mit derselben vereinigen. Wegen der geringen zur Verfügung stehenden Zeit und der Langwierigkeit der Versuche mußte die Arbeit zunächst auf eine Untersuchung der rechtwinkligen Verzweigungen bzw. Vereinigungen beschränkt werden. Hierbei wurden Versuche mit zwei verschiedenen Durchmesserverhältnissen zwischen Haupt- und Nebenleitung durchgeführt und bei jedem Durchmesserverhältnis die Form der Abzweigung und der Abrundung mehrfach geändert.

Die Untersuchung anderer Abzweigstücke soll einer späteren Arbeit vorbehalten bleiben.

II. Die Versuchsanordnung.

Die Versuche wurden im Hydraulischen Institut der Technischen Hochschule München in den Jahren 1923 und 1924 durchgeführt.

Die Grundlagen für die endgültige Ausbildung der Versuchsanordnung waren an einer mit den einfachsten Mitteln erstellten Versuchseinrichtung gewonnen worden.

Aus einer Leitung von 400 mm l. Durchm. (Abb. 1 u. 2), welche aus einem Hochbehälter gespeist wird, wird das Versuchswasser entnommen. Es gelangt durch einen Schieber mit daraufolgendem Krümmer in eine 1890 mm lange 3zöllige Gußeisenleitung, an welche ein Steigrohr

[1]) Brabbée: Reibungs- und Einzelwiderstände in Warmwasserheizungen. Heft 5 der Mitteilungen der Prüfungsanstalt für Heizung und Lüftung, Berlin (Oldenbourg 1913).

mit Überfall angeschlossen ist, welches einen ganz gleichmäßigen Druck in der nachfolgenden Versuchsleitung sichern sollte. Am Ende des 3zölligen Rohres sitzt eine gut geformte Düse, welche den Übergang auf 43 mm, den l. Durchm. der Hauptrohre der Versuchseinrichtung, vermittelt.

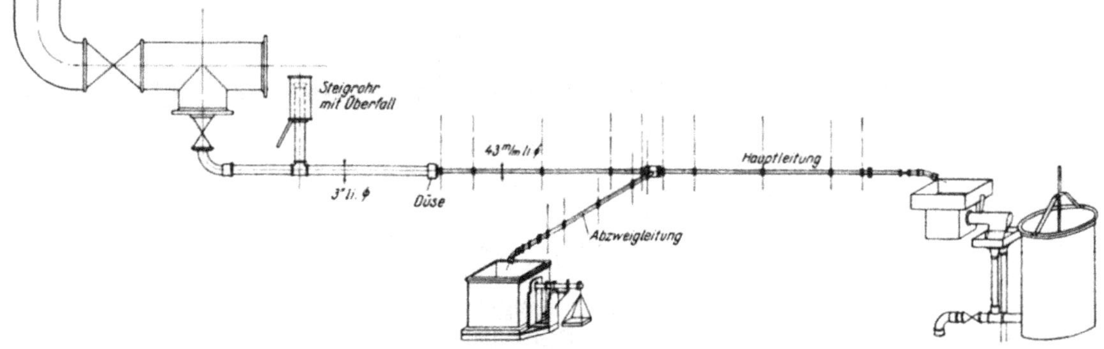

Abb. 1.

Die Versuchseinrichtung selbst besteht aus jeweils drei gezogenen Stahlrohren. Bei der Hauptrohrleitung wurde stets ein l. Durchm. von 43 mm beibehalten. Der l. Durchm. der Abzweigleitungen betrug 15 und 25 mm. Die Rohre waren durch ein für diesen Zweck entworfenes T-Stück (Abb. 3) verbunden, welches, in der Mittelebene geteilt, die Vereinigungsstelle der drei Rohre

Abb. 2.

und damit die Abrundungsstelle zugänglich machte. Am Ende der Haupt- und Abzweigleitung war je ein Schieber eingebaut, durch den die durchfließende Wassermenge reguliert werden konnte.

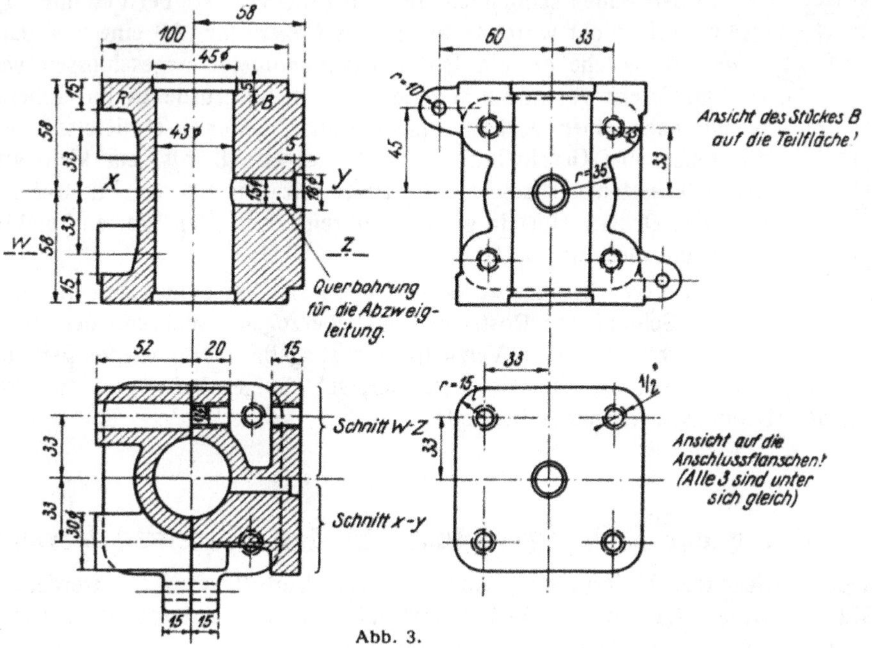

Abb. 3.

Jedes Versuchsrohr war mit 5 Anschlüssen zur Bestimmung des örtlichen statischen Druckes versehen (Abb. 4). Zu diesem Zweck waren die Rohre mit jeweils vier radialen Bohrungen von 2 mm Durchm. versehen, über denen eine kleine Ringmuffe saß, an welcher der zu dem Wasserstandsglas führende Schlauch angeschlossen wurde. In diesen Ringmuffen waren außerdem zwei kleine Bohrungen angebracht, durch die einerseits der Ringraum entlüftet, anderseits nach Schluß der Versuche entwässert werden konnte.

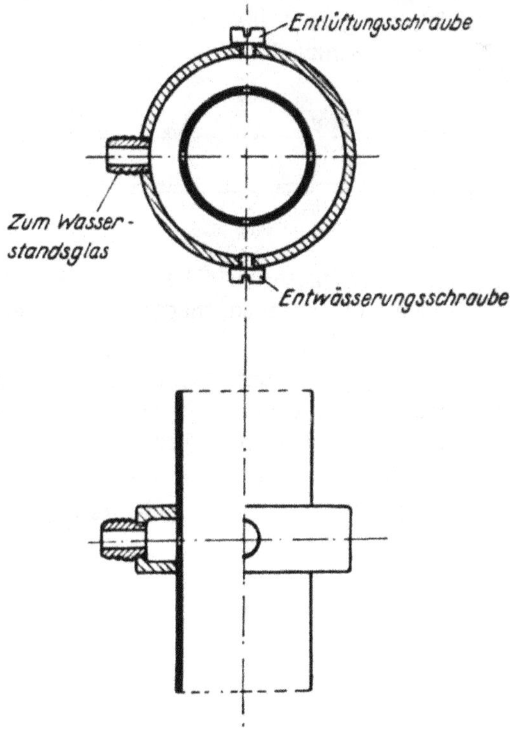

Abb. 4.

Als Wasserstandsgläser wurden 1 m lange Glasrohre von ca. 45 mm Durchmesser verwendet. Die Ablesung der Spiegelhöhe erfolgte durch Messingschwimmer, welche oben eine ebene Platte von etwa 30 mm Durchm. trugen, über die eine genaue Ablesung der hinter den Glasrohren befestigten Maßstäbe bis auf $^{2}/_{10}$ mm gut möglich war.

Die Wassermessung wurde auf drei verschiedene Arten durchgeführt. Das aus der Hauptleitung ausfließende Wasser wurde während einer bestimmten Zeit in einen geeichten Meßtank eingeleitet und dort durch zweimalige Schwimmerablesung gemessen, nachdem das zufließende Versuchswasser vom Meßtank abgeschaltet war und sich das Wasser in ihm beruhigt hatte. Die Einlaufzeit wurde auf dem Registrierband eines Chronographen aufgezeichnet.

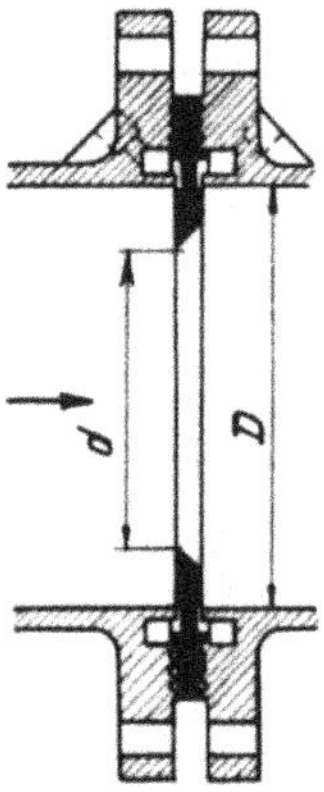
Abb. 5.

Die aus der Abzweigleitung ausströmende Wassermenge wurde durch Wägung bestimmt.

In den Fällen schließlich, in denen die Verluste bei Vereinigung der Wasserströme untersucht wurden, war in das Nebenrohr (*II*) eine Stauscheibe (Abb. 5) eingebaut, welche an ein Differentialmanometer angeschlossen war. Aus der Druckdifferenz vor und hinter der Stauscheibe wurde die durchfließende Wassermenge nach einer vorher aufgestellten Eichkurve ermittelt. Da die Druckdifferenzen bei Geschwindigkeiten bis etwa 0,8 m/s sehr klein waren, wurden die so erhaltenen Wassermengenwerte mit den aus der Jakob-Erkschen Formel über den Druckverlust in glatten Rohren ermittelten Werten kombiniert. (Siehe Forschungsheft des V.D.I. Nr. 267.)

Die Versuchsrohre waren zu Beginn der Versuche blank und innen mit einer dünnen Schicht von Rostschutzlack überzogen. Während der Versuche wurden die Rohre nach jeder Versuchsreihe ausgebaut und wieder gereinigt. Vor der Reinigung zeigte sich innen manchmal ein weicher, schleimiger Belag, der aber keine meßbare Änderung des Reibungsverhältnisses bedingte.

III. Ermittlung der Reibungsverluste in den einzelnen Versuchsrohren.

Bei der vorliegenden Untersuchung sollten nur die Verluste ermittelt werden, welche durch das T-Stück allein bedingt wurden. Dazu war es nötig, zuerst die Reibungsverluste in den später verwendeten Versuchsrohren zu ermitteln, welche von dem gemessenen Gesamtverlust abgezogen werden müssen. Zu diesem Zweck wurden die Rohre einzeln an die 3zöllige Zuleitung angeschlossen. Den Übergang zum jeweiligen lichten Rohrdurchmesser des Versuchsrohres vermittelten dafür angefertigte schmiedeeiserne Düsen. Die Messung des Druckhöhenverlustes erfolgte in der oben geschilderten Weise, zur Wassermessung diente der geeichte Meßtank mit Schwimmerablesung.

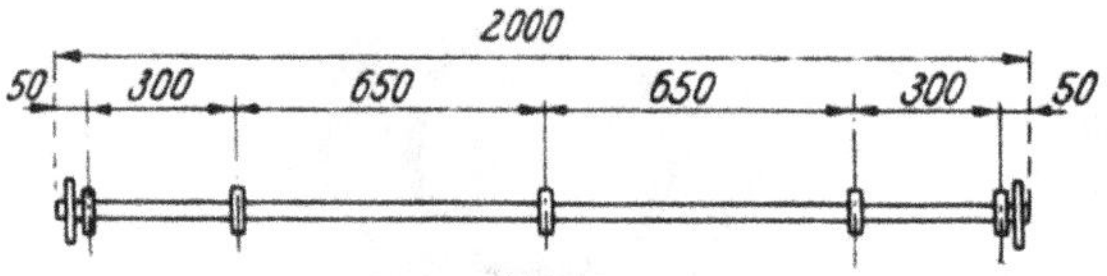

Abb. 6.

Für die Ermittlung der Reibungsverluste wurden nur die aus den beiden mittleren Meßstrecken (je 650 mm lang, Abb. 6) gewonnenen Resultate herangezogen. Die ersten Strecken dienten zur Beruhigung der Strömung und die Endstrecke blieb wegen möglicher Störungen durch den nachfolgenden Schieber außer Betracht.

Die Länge der untersuchten Rohre betrug durchwegs 2,00 m. Die Unterteilung in einzelne Meßstrecken war bei allen Rohren gleich, so daß wegen der verschiedenen lichten Durchmesser hydraulische Ähnlichkeit in bezug auf die Länge der Anlaufstrecke und der einzelnen Meßstrecken untereinander nicht gewahrt war.

Untersucht wurden folgende Rohre:

Rohr	l. Durchm.	Länge
1	43,0 mm	2,00 m
2	43,1 mm	2,00 m
3	25,0 mm	2,00 m
4	24,5 mm	2,02 m
5	15,0 mm	2,00 m

Die Ermittlung der Reibungsverluste erfolgte nach der allgemein üblichen Formel

$$\lambda_R = \frac{h_w}{v^2/2g} \cdot \frac{d}{L},$$

in der h_w den Druckhöhenverlust auf der Strecke L vom l. Durchm. d bedeutet. Die so erhaltenen Werte von λ_R wurden auf

$$\lambda_R = f\left(\frac{v \cdot d}{\nu}\right) = f(R)$$

umgerechnet. Die Berechnung des kinematischen Zähigkeitskoeffizienten ν erfolgte nach der von Mises (Elemente der technischen Hydrodynamik) angegebenen Formel:

$$\nu = \frac{0{,}0178}{1 - 0{,}033679\,t - 0{,}00022099\,t^2} (\mathrm{cm}^2/\mathrm{s}).$$

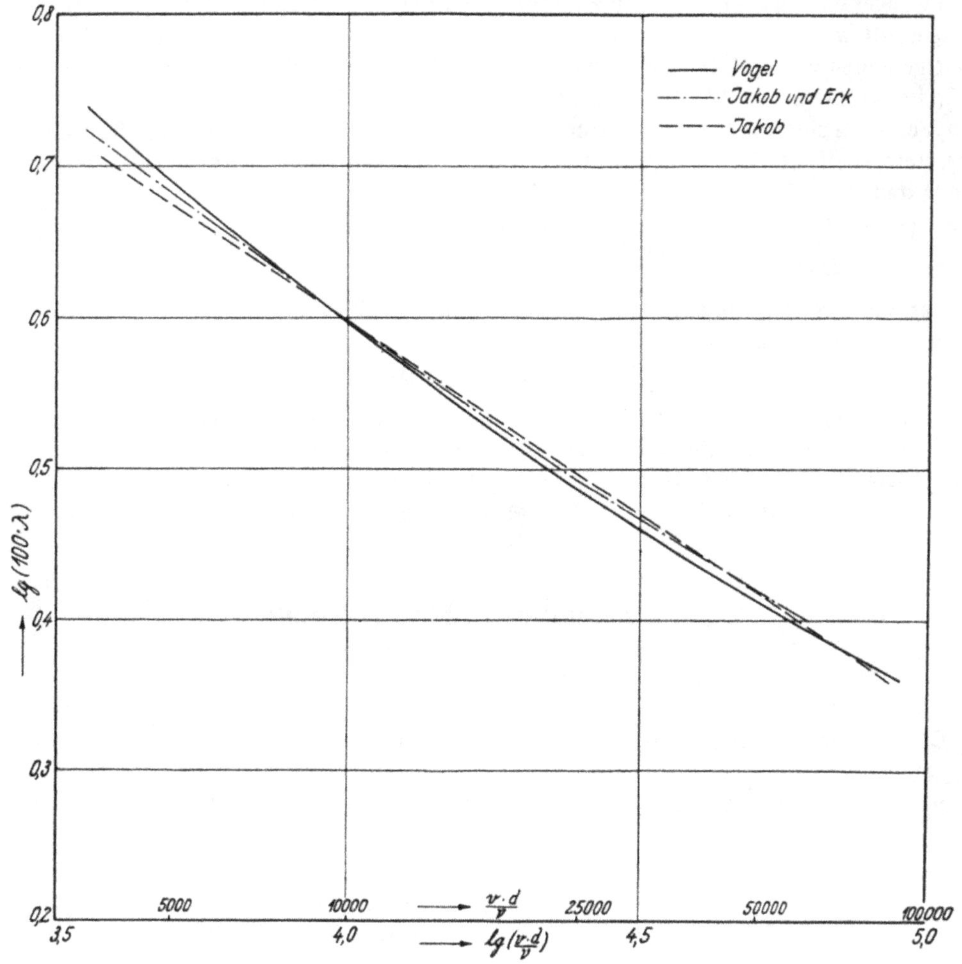

Abb. 7.

Die Temperatur des Versuchswassers schwankte zwischen den einzelnen Versuchstagen stark, während der einige Stunden dauernden Versuchen konnte sie jedoch mit genügender Genauigkeit als konstant angenommen werden, da das Wasser aus dem 800 m³ fassenden Hauptbehälter des Institutes entnommen wurde.

Die Versuche wurden in der Art durchgeführt, daß die Rohrleitung, nachdem sie mit Wasser gefüllt war, durch Öffnen der kleinen Entlüftungsschrauben möglichst vollständig entlüftet wurde; dann wurde durch entsprechendes Regulieren mit den beiden vor der Versuchsstrecke angebrachten und dem dahinterliegenden Schieber eine bestimmte Wassergeschwindigkeit eingestellt. Nach Eintritt des Beharrungszustandes wurde der örtliche statische Druck an den einzelnen Meßstellen durch mehrmaliges Ablesen der Spiegelstände in den Meßgläsern bestimmt. Die mehrmalige Ablesung wurde durch die unvermeidlichen kleinen Schwankungen der Spiegelstände (in der

Größenordnung von 1% der statischen Druckhöhe) notwendig. Während dieser Ablesungen wurde die Wassermenge zweimal gemessen, wobei sich Abweichungen von nicht über 0,8% ergaben, die etwa zu gleichen Teilen auf Ungenauigkeiten in der Zeitmessung und auf Schwankungen in der Wasserführung zurückzuführen sein dürften.

Die aus den Versuchen mit den Rohren 1 bis 4 ermittelten Werte von λ_R stimmen gut überein und sind in Abb. 7 als Funktion der Reynoldschen Zahl zusammengestellt.

Die mit Rohr 5 (15 mm l. Durchm.) ermittelten Werte für λ_R sind zur Aufstellung dieser Kurve nicht herangezogen, da dieses Rohr wesentlich höhere Werte für λ_R als die übrigen Rohre ergab. Ein augenscheinlicher Unterschied konnte bei der Untersuchung der Wandbeschaffenheit nicht festgestellt werden, doch verlaufen die λ_R-Werte so, wie sie bei Rohren mit höherer Wandrauhigkeit gefunden werden. Der Unterschied beträgt bei kleinen Reynoldschen Zahlen (ca. 4000) etwa 5%, bei größeren (ca. 90000) etwa 2—3%.

Zum Vergleich sind die aus den Formeln von Jakob (V.D.I. 1922, S. 178 u. 862) und Jakob-Erk (Forschungsheft des V.D.I. Nr. 267) errechneten Kurven für λ_R beigegeben. Die genannten Formeln lauten:

Nach Jakob: $\lambda_R = 0{,}3270\ R^{-0{,}254}$

Nach Jakob-Erk: $\lambda_R = 0{,}00714 + 0{,}6104\ R^{-0{,}35}$.

Die Versuche erstreckten sich über einen Bereich von $R = 4000$ bis $R = 90000$ und folgen hier mit großer Genauigkeit der Gleichung:

$$\lambda_R = 0{,}00975 + 1{,}132\ R^{-0{,}43}.$$

Innerhalb dieser Reynoldschen Zahlen stimmen die drei dargestellten Kurven befriedigend überein. Zwischen der hier ermittelten Formel und der von Jakob-Erk ergibt sich eine maximale Abweichung von 2,2%. Im Gebiet höherer Reynoldscher Zahlen erhalten wir aus der neuen Formel durch Extrapolation durchwegs höhere Reibungskoeffizienten als aus den beiden Vergleichskurven.

IV. Untersuchung der T-Stücke.

1. Allgemeines.

Als Vorversuch wurden die Rohre 1 und 2 von je 43 mm l. Durchm. durch das noch nicht mit der Querbohrung versehene Formstück verbunden und der Strömungsverlauf in diesem Rohrstrang untersucht.

Der Verlauf des statischen Druckes (s. Abb. 8) zeigte zwar an der Stelle, an der das Formstück eingebaut war, einen merklichen Knick, der von einer örtlichen Störung der Strömung verursacht zu sein scheint, doch ergab die Rechnung keine feststellbar höheren Verluste, als sich für die entsprechende Länge des Rohres ohne T-Stück ergeben hatte.

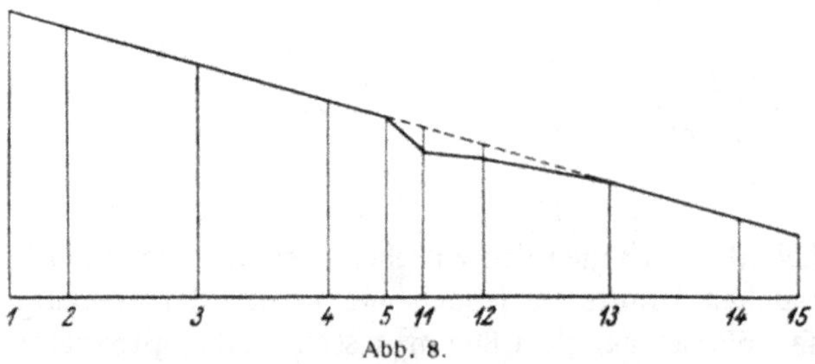

Abb. 8.

Dieser Versuch zeigte auch, daß die bei den früheren Versuchen verwendete Anlaufstrecke von 350 mm = 8,1 d nach der gut abgerundeten Düse vollkommen genügte, um die unmittelbar hinter dem Einlauf auftretenden Störungen abklingen zu lassen. Das hinter dem T-Stück angebrachte Rohr ergab nämlich trotz der langen Anlaufstrecke von etwa 60 d die gleichen Reibungsverluste, wie die beiden mittleren Strecken des Rohres 1 vor dem T-Stück.

Zur Untersuchung des Druckhöhenverlustes durch das in Abb. 2 dargestellte T-Stück wurden die Rohre 1 und 2 mit je 43 mm konaxial an das Formstück angeschraubt (s. Abb. 1 u. 2) und das Rohr 5 (15 mm l. Durchm.), später das Rohr 3 (25 mm l. Durchm.) senkrecht dazu montiert.

Dieses System wurde an die 3zöllige Zuleitung mit Übergangsdüse angeschlossen. Durch eine Hilfsrohrleitung war es möglich, auch Wasser durch das Querrohr (15 bzw. 25 mm) einzuleiten, so daß die T-Stücke sowohl bei Trennung als auch bei Vereinigung der Wasserströme untersucht werden konnten.

Für die folgenden Untersuchungen wurden nach dem Vorbild von Prof. Brabbée (Beihefte zum Gesundheits-Ingenieur Heft 1, Jahrgang 1913, S. 40) folgende Bezeichnungen verwendet:

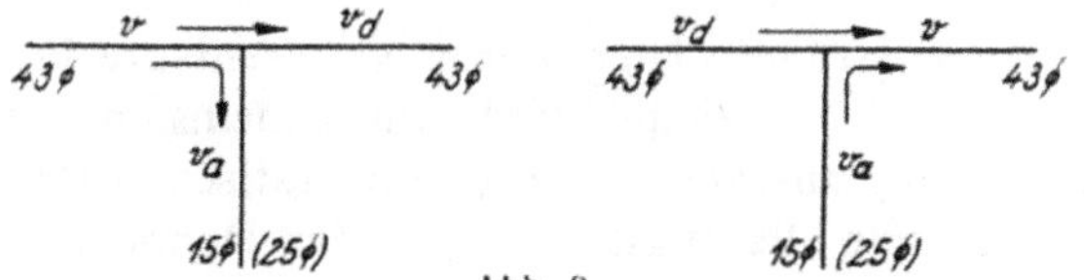

Abb. 9.

v = gemeinsame Wassergeschwindigkeit $= Q/F$ in m/s (d. i. bei Trennung in Rohr I, bei Vereinigung in Rohr III),

v_a = Wassergeschwindigkeit im Abzweigrohr $= Q_a/F_a$ in m/s (Rohr II),

v_d = Wassergeschwindigkeit in der Hauptleitung $= Q_d/F_d$ in m/s (bei Trennung in Rohr III, bei Vereinigung in Rohr I),

h_{W_a} = Verlust an hydraulischer Höhe = Druckhöhenverlust + Änderung der Geschwindigkeitshöhe (im Gegensatz zu Brabbée) für das aus dem Abzweigrohr austretende bezw. eintretende Wasser in m WS,

h_{W_d} = Verlust an hydraulischer Höhe für das geradeaus strömende Wasser in m WS,

ζ_a = Widerstandszahl für das Abzweigwasser,

ζ_d = Widerstandszahl für das geradeaus strömende Wasser,

h_{R_a} = Reibungsverlust im Abzweigrohr in m WS,

h_{R_d} = Reibungsverlust im durchgehenden Rohr in m WS,

$h_1, h_2, \ldots$ = Druckhöhe an der Meßstelle $1, 2, \ldots$

Die Widerstandszahlen ζ_a und ζ_d sind immer auf die Geschwindigkeitshöhe des Rohres, in dem die volle Wassermenge Q fließt, bezogen; also:

$$\zeta_a = \frac{h_{W_a}}{v^2/2g}$$

$$\zeta_d = \frac{h_{W_d}}{v^2/2g}.$$

Über die Numerierung der einzelnen Meßstellen und die Bezeichnung der Rohre gibt die nachstehende schematische Skizze Aufschluß.

Für den Fall der Trennung der Wasserströme wurde der zur Ermittlung der Widerstandszahlen verwendete Verlust h_W zwischen folgenden Meßstellen gemessen:

ζ_a aus h_{W_a} = Verlusthöhe zwischen Meßstelle 4 und 9,

ζ_d aus h_{W_d} = Verlusthöhe zwischen Meßstelle 4 und 14.

Für den Fall der Vereinigung:

ζ_a aus h_{W_a} = Verlusthöhe zwischen Meßstelle 7 und 14,

ζ_d aus h_{W_d} = Verlusthöhe zwischen Meßstelle 4 und 14.

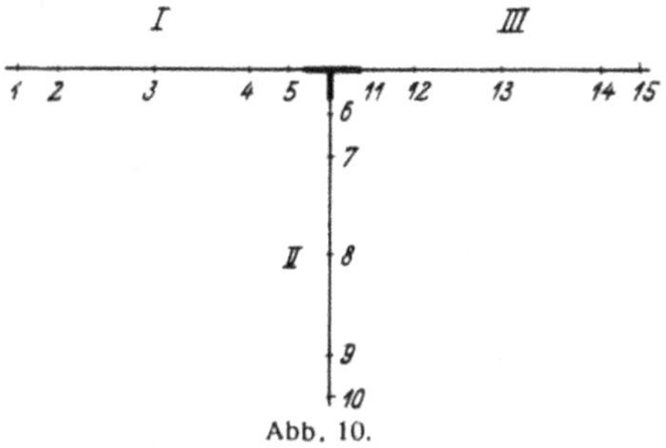

Abb. 10.

Die Verlusthöhe h_{W_d} bezieht sich bei der Trennung und der Vereinigung der Wasserströme auf die gleiche Strecke 4—14, während sich h_{W_a} einmal auf 4—9, das andere Mal auf 7—14 bezieht. Auf dieselben Strecken beziehen sich auch die Reibungsverluste h_{R_d} und h_{R_a}.

Die Versuche wurden folgendermaßen durchgeführt:

a) Trennung der Wasserströme: Aus der Zuleitung wird das Wasser durch Rohr *I* und *II* geleitet. Der Schieber am Ende von Rohr *III* ist für den ersten Versuch geschlossen. Bei den weiteren Versuchen wird dieser Schieber jeweils etwas geöffnet und der am Ende von Rohr *II* um den entsprechenden Betrag geschlossen, so lange bis alles Wasser durch Rohr *III* abgeführt wird und in Rohr *II* Totwasser steht. Bei der zweiten Versuchsreihe erfolgt die Variation im entgegengesetzten Sinne.

b) Vereinigung der Wasserströme: Hier wurde ganz entsprechend vorgegangen, nur daß das Wasser durch Rohr *I* und *II* zugeleitet wird und gemeinsam durch Rohr *III* abfließt.

Nach Eintritt des Beharrungszustandes wurden die statischen Druckhöhen an den einzelnen Meßstellen zweimal abgelesen und die Wassermenge jedes Rohrstranges zweimal bestimmt.

Die Auswertung der Versuche erfolgte auf Grund der nachstehenden Definition:

Unter Verlust durch das T-Stück versteht man die Summe der Verluste an statischer Druckhöhe und Geschwindigkeitshöhe, die zwischen zwei Stellen gleichmäßiger Strömungsform vor und genügend weit hinter dem T-Stück, abzüglich der reinen Rohrreibungsverluste, entsteht.

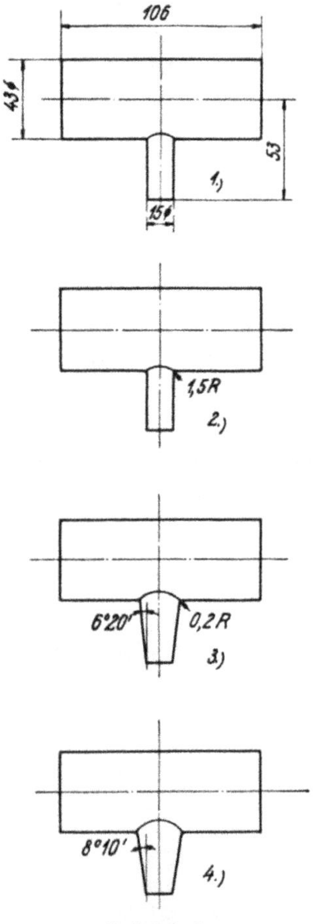

T-Stück I.
Abb. 11.

Daraus ergeben sich folgende Gleichungen:

a) Trennung der Wasserströme:

$$hw_a = h_4 - h_9 + \frac{v^2 - v_a^2}{2g} - h_{R_a}$$

$$hw_d = h_4 - h_{14} + \frac{v^2 - v_d^2}{2g} - h_{R_d}$$

b) Vereinigung der Wasserströme:

$$hw_a = h_7 - h_{14} + \frac{v_a^2 - v^2}{2g} - h_{R_a}$$

$$hw_d = h_4 - h_{14} + \frac{v_d^2 - v^2}{2g} - h_{R_d}.$$

Die gesamte, durch das T-Stück verursachte Verlustleistung für beide Rohre zusammen wird somit:

$$\text{Verlustleistung (mkg/s)} = \gamma \, (Q_a \cdot hw_a + Q_d \cdot hw_d).$$

2. Untersuchung des T-Stückes mit den Bohrungen $d = 43$ mm, $d_a = 15$ mm, $d_d = 43$ mm l. Durchm. (T-Stück *I*.)

An diesem T-Stück wurden folgende Formen sowohl auf Trennung, als auch auf Vereinigung der Wasserströme untersucht:

1. Durchdringung scharfkantig;
2. Durchdringung abgerundet, Abrundungsradius 1,5 mm;
3. Durchdringung düsenförmig, Erweiterungswinkel 12° 40';
4. Durchdringung düsenförmig, Erweiterungswinkel 16° 20'.

Die untersuchten Formen sind in Abb. 11 zusammengestellt.

Die Ergebnisse der Versuche geben die Kurvenblätter 12 und 13 wieder.

Die Versuche ergaben, daß die Widerstandszahl ζ für dieselbe Form des T-Stückes nur von dem Abzweigverhältnis Q_a/Q (Geschwindigkeitsverhältnis v_a/v), nicht aber von den Absolutwerten der Wassermengen (der Geschwindigkeiten) abhängig ist. Der Widerstand des T-Stückes ist also proportional v^2.

In den beiden Schaubildern 12 und 13 ist jeweils nur die Widerstandszahl ζ_a aufgetragen. Die Kurven für ζ_d sind nicht eingezeichnet, da sich hier so kleine Werte von hw_d ergaben, daß die unvermeidlichen Fehler in der Ablesung und die geringen Änderungen in der Rauhigkeit

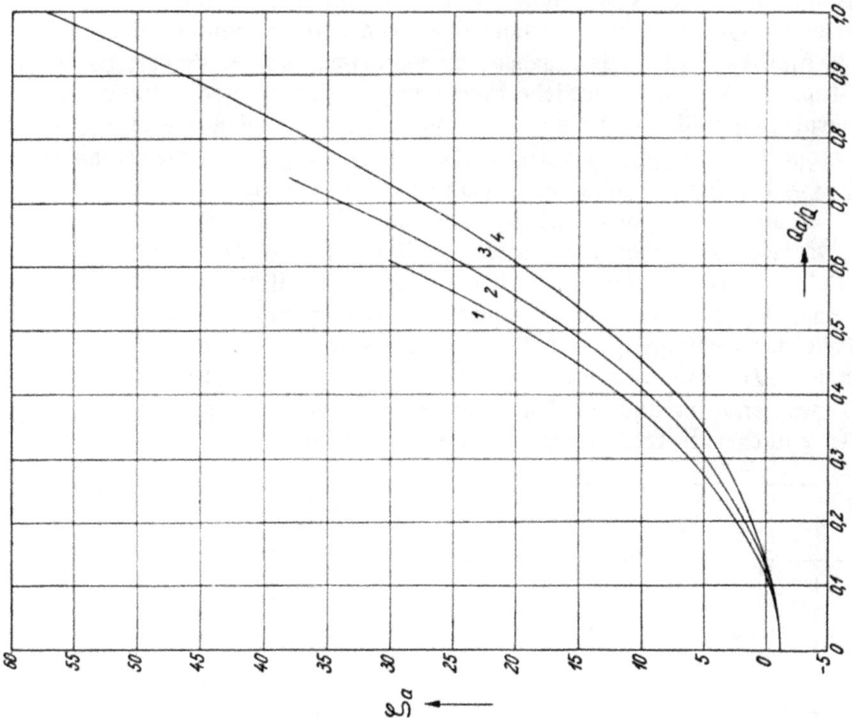

ζa
Qa/Q
-5 0 5 10 15 20 25 30 35 40 45 50 55 60
0 0,1 0,2 0,3 0,4 0,5 0,6 0,7 0,8 0,9 1,0
1 2 3 4

Abb. 13.

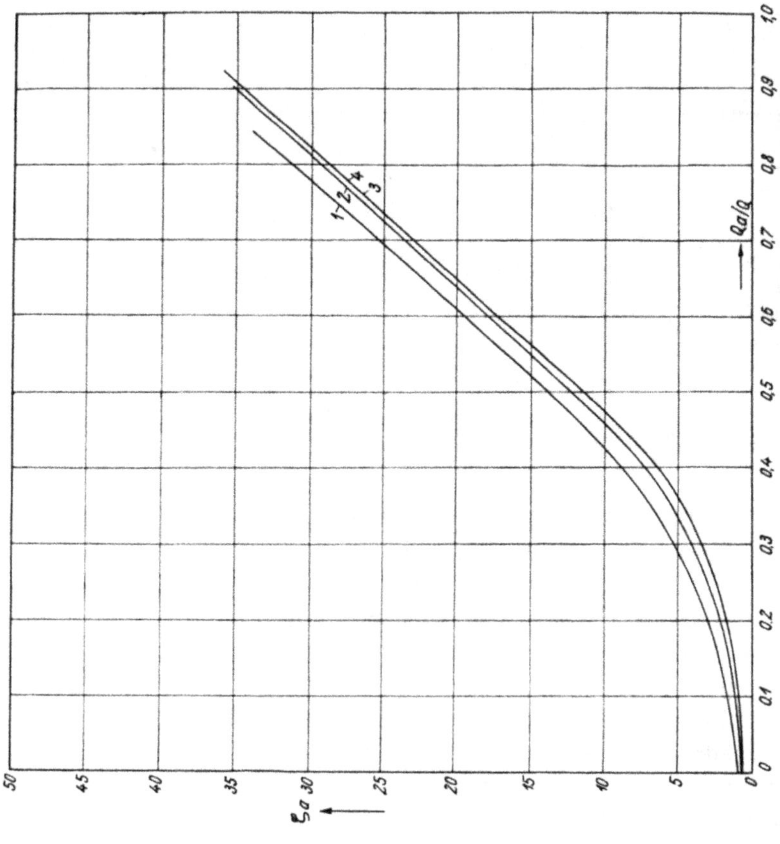

ζa
Qa/Q
0 5 10 15 20 25 30 35 40 45 50
0 0,1 0,2 0,3 0,4 0,5 0,6 0,7 0,8 0,9 1,0
1 2 3 4

Abb. 12.

der Versuchsrohre so starke Abweichungen verursachten, daß die daraus berechneten ζ_d-Werte nicht zu einer befriedigenden Kurve zusammengetragen werden konnten. Die einzelnen Versuchspunkt esind in Abb. 14 u. 15 wiedergegeben. Es zeigt sich, daß der Verlust hw_a bei diesem Querschnittsverhältnis wohl ohne wesentliche Fehler vernachlässigt werden kann.

Die Untersuchung ergibt, daß die Widerstandszahlen ζ_a von dem Werte $Q_a/Q = 0$ bis $Q_a/Q = 1$ stetig, etwa proportional $(Q_a/Q)^2$ ansteigen. Bei Vereinigung der Wasserströme erhalten wir für $Q_a/Q = 0$, $\zeta_a = -1$, während man bei Trennung für den gleichen Fall $\zeta_a = +1$ erhält. Die beiden Zustände sind aber identisch. In jedem Falle strömt das Wasser nur durch die Rohre *I* und *III*, während in Rohr *II* keine Strömung vorhanden ist. Die Differenz wird durch einen Wechsel im Ausgangspunkt der Berechnung bedingt. Im Falle der Vereinigung geht die Rechnung vom Totwasser im Abzweigrohr (*II*) aus, von wo aus auf $v_a = v$ beschleunigt werden muß, während im andern Falle von Rohr *I* ausgegangen wird und der entgegengesetzte Vorgang vorausgesetzt ist.

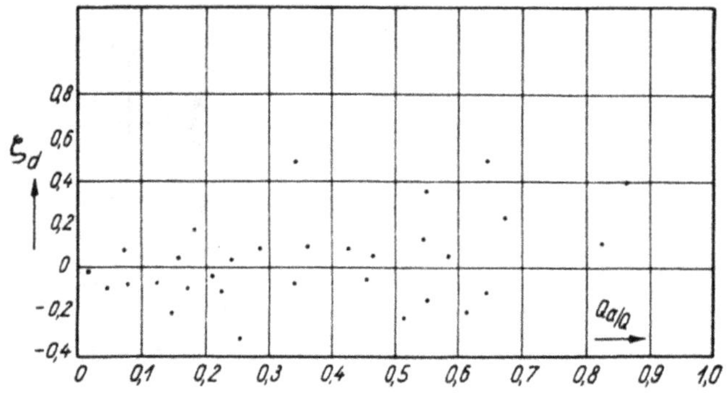

Abb. 14.

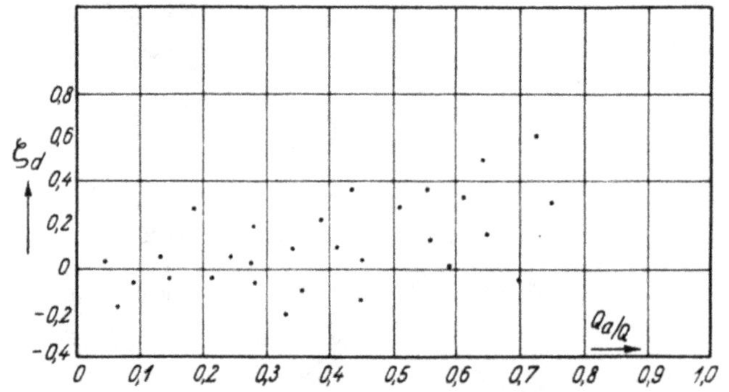

Abb. 15.

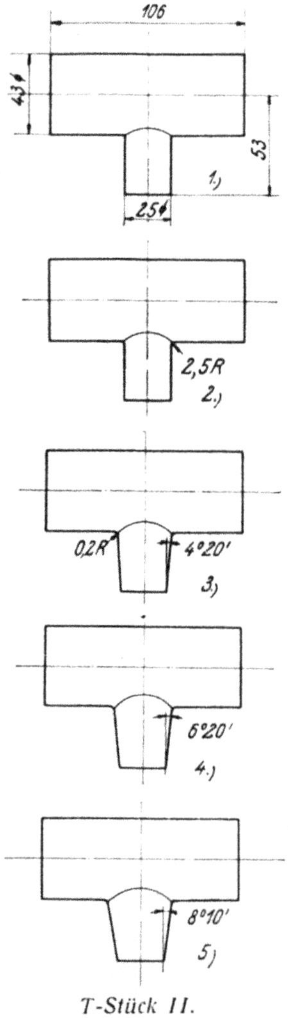

T-Stück II.

Abb. 16.

3. Untersuchung des T-Stückes mit den Bohrungen $d = 43$ mm, $d_a = 25$ mm, $d_d = 43$ mm l. Durchm. (T-Stück *II*.)

Ähnlich wie bei den vorhergegangenen Versuchen mit T-Stück *I* wurden auch hier Versuche mit verschiedenen Formen durchgeführt. Untersucht wurden folgende Formen (Abb. 16):

1. Durchdringung scharfkantig,
2. Durchdringung abgerundet, Abrundungsradius 2,5 mm;
3. Durchdringung düsenförmig, Erweiterungswinkel 8° 40';
4. Durchdringung düsenförmig, Erweiterungswinkel 12° 40';
5. Durchdringung düsenförmig, Erweiterungswinkel 16° 20'.

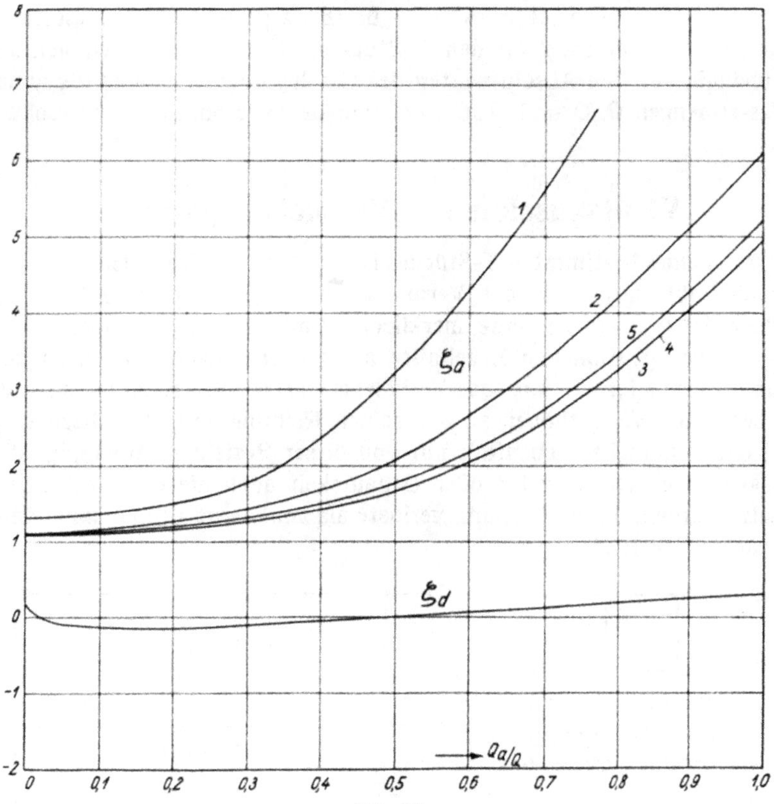

8
7
6
5
4
3
2
1
0
-1
-2
ζ_a
ζ_d
1
2
5
4
3
ζ_a
ζ_d
Q_a/Q
0
0,1
0,2
0,3
0,4
0,5
0,6
0,7
0,8
0,9
1,0

Abb. 17.

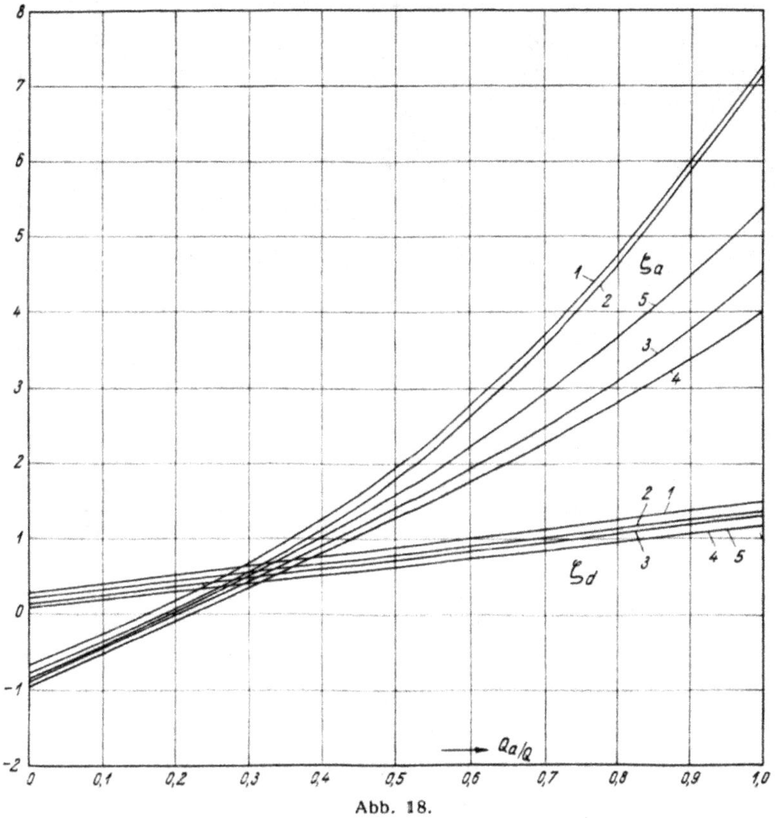

8
7
6
5
4
3
2
1
0
-1
-2
ζ_a
ζ_d
1
2
ζ_a
5
3
4
2
1
3
4
5
ζ_d
Q_a/Q
0
0,1
0,2
0,3
0,4
0,5
0,6
0,7
0,8
0,9
1,0

Abb. 18.

Das Ergebnis der Versuche ist in Abb. 17 u. 18 dargestellt. Das Resultat war prinzipiell das gleiche, wie bei den Versuchen mit dem T-Stück *I*. Auch hier ergaben sich die Widerstandszahlen als unabhängig von den Absolutwerten der Geschwindigkeiten und als abhängig vom Verhältnis der Wassermengen Q_a/Q und Q_d/Q bzw. von dem Verhältnis der Geschwindigkeiten zueinander.

V. Diskussion der Versuchsergebnisse.

Der Widerstand eines bestimmten T-Stückes ist nur von dem Verhältnis der einzelnen Wassermengen zueinander abhängig, d. h. der Verlust ist proportional dem Geschwindigkeitsquadrat. Die Zähigkeit des Wassers ist ohne merklichen Einfluß, und die Übertragung der bei den vorliegenden Versuchen gewonnenen Ergebnisse auf größere Ausführungen ist zulässig.

Die Versuche zeigen ferner, daß das Verhältnis der durch Trennung oder Vereinigung der Wasserströme bedingten Verlusthöhen zu den reinen Reibungsverlusten, bezogen auf die gleiche Rohrlänge und Geschwindigkeit, ebenfalls nur von dieser Beziehung abhängig ist. An Stelle der reinen Reibungsverluste können mit großer Genauigkeit auch die entsprechenden Geschwindigkeitshöhen gesetzt werden, da die Reibungsverluste als annähernd proportional dem Geschwindigkeitsquadrat ermittelt wurden.

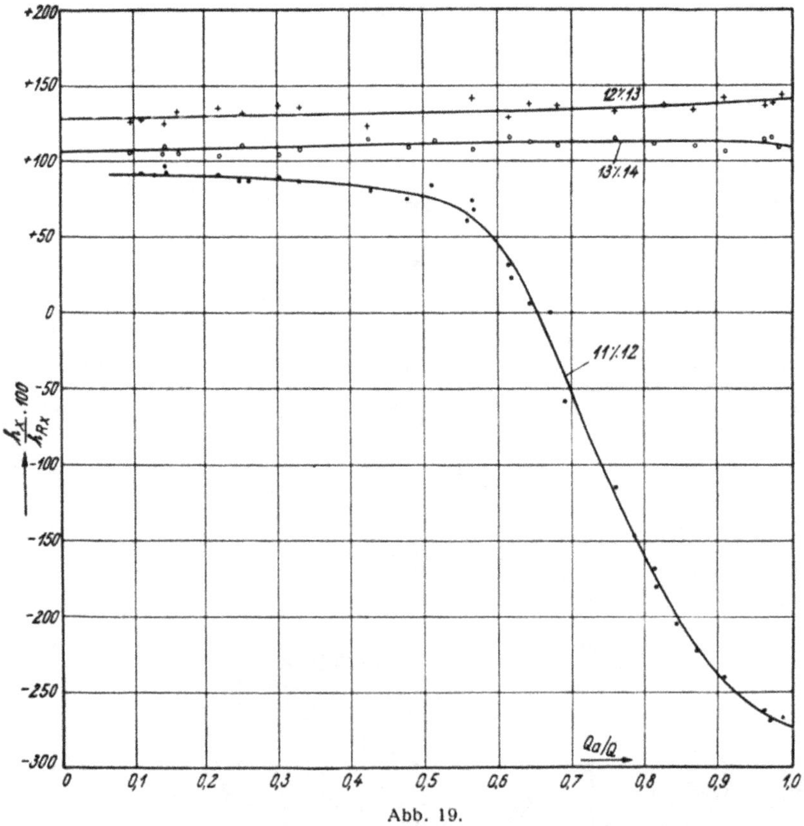

Abb. 19.

Die Abb. 19 u. 20 geben das Ergebnis dieser Überlegung wieder. Es ist hier, für den Fall der Vereinigung der Wasserströme, der Wert

$$\frac{h_{11} - h_{12}}{h_{R_{11-12}}} \cdot 100$$

für die einzelnen, dem T-Stück folgenden Meßstrecken aufgetragen.

Wir haben hinter dem T-Stück zwei Vorgänge zu unterscheiden: Einerseits wirkt die Mischung der langsamer und schneller fließenden Wasserteilchen auf eine Zunahme des statischen Druckes in der Fließrichtung. Anderseits ist aber, als Folge der durch das T-Stück erhöhten Turbulenz, die Wandreibung größer; dieser Umstand wirkt auf die Abnahme des statischen Druckes in der Fließrichtung hin. Die beiden Vorgänge überlagern und beeinflussen sich gegenseitig. Die Beobachtung zeigt, daß hinter dem T-Stück zunächst der Mischvorgang, dann, in größerer Entfernung, die Erhöhung der Wandreibung überwiegt.

Die Art, in der sich die beiden Vorgänge überlagen, ist nicht nur vom Abzweigverhältnis Q_a/Q, sondern auch von der Form des T-Stückes abhängig. Der Punkt, an dem die Wirkung der erhöhten Turbulenz zu überwiegen beginnt, rückt um so weiter vom T-Stück weg, je mehr das aus Rohr *II* austretende Wasser (Bezeichnung der Rohre s. Abb. 10) in geschlossenem Strahl in das T-Stück

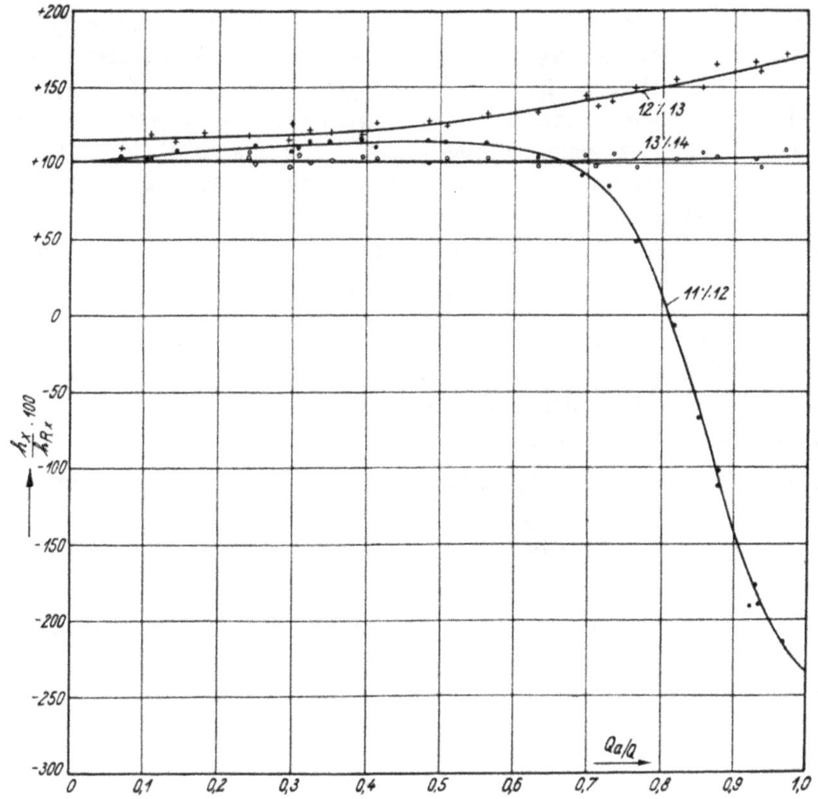

Abb. 20.

hineingeführt wird. Wird das Wasser, wie bei den Formen 3, 4 und 5 (Abb. 11 u. 16), schon vor der Vereinigung mit Q_d verzögert, so ist der Punkt, an dem die Wirkung der Wandreibung zu überwiegen beginnt, früher erreicht als bei den Formen 1 und 2, bei welchen die Einmündungsgeschwindigkeit von Q_a nicht oder nur sehr wenig von v_a verschieden ist.

Diese Verschiebung geht aus den Abb. 19 u. 20 deutlich hervor. Während bei Form 1 (Abb. 19) der Verlust auf der dem T-Stück unmittelbar folgenden Meßstrecke *11*—*12* nie die Höhe des entsprechenden reinen Reibungsverlustes erreicht, wir befinden uns also noch im Bereiche des Mischvorganges, liegen die Verluste bei Form 2, bei Abzweigverhältnissen unter $Q_a/Q = 0{,}66$, über den entsprechenden Reibungsverlusten. Hier wirkt schon die durch erhöhte Turbulenz gesteigerte Wandreibung.

Bei den T-Stückformen 4 und 5 konnte ein Druckanstieg hinter dem T-Stück mit der gegebenen Versuchseinrichtung nicht mehr gemessen werden. Hier scheint der Wendepunkt der

Kurve des statischen Druckes schon zwischen der Vereinigungsstelle und der Meßstelle *11* zu liegen. Entsprechend dieser Wanderung gegen das T-Stück rückt auch der Bereich der höchsten Druckverluste nach, welcher sich hier schon auf der Strecke *11—12* gegenüber *12—13* bei den oben behandelten Formen ergibt.

Die erhöhte Turbulenz, welcher die Wandreibung vergrößert, klingt in der Fließrichtung hinter dem T-Stück langsam ab und erreicht auf der letzten Meßstrecke *13—14* bis auf wenige Prozente die reinen Reibungsverluste.

Bei Trennung der Wasserströme gestaltet sich die Untersuchung wesentlich schwieriger, da hier durch die Teilung der Wassermengen die Geschwindigkeiten und damit die Druckhöhenverluste hinter dem T-Stück relativ klein werden. Es wurde daher von der Wiedergabe einer graphischen Zusammenstellung abgesehen, und es soll nur der allgemeine Verlauf des Mischvorganges besprochen werden:

Beim Eintritt in das enge Rohr *II* (25 mm l. Durchm.) wird die Wassermenge Q_a von $Q_a/Q = 0$ bis 0,34 verzögert, bei höheren Abzweigverhältnissen beschleunigt. Wenn überhaupt ein Druckanstieg erfolgt, so ist dieser bei Meßstelle *6* schon vollzogen, denn die Werte für h_{6-7} ergaben sich durchwegs als höher als die entsprechenden Reibungsverluste. Der prozentuale Verlust nimmt von rund 110% bei kleinen Abzweigverhältnissen etwa linear bis 150% bei $Q_a/Q = 1$ zu. Auf den Strecken *7—8* und *8—9* klingt die erhöhte Turbulenz wieder ab und nähert sich dem normalen, dem reinen Rohrreibungsverlust entsprechenden Betrag.

Im Rohr *III* wird das Wasser durchwegs von v auf v_d verzögert. Der Druckanstieg kommt hier in kleinen Werten für $\frac{h_{11-12}}{h_{R_{11-12}}} \cdot 100$ zum Ausdruck, welche bei sehr kleinen Abzweigverhältnissen fast den Wert 100 erreichen.

Die Grenzfälle obiger Darstellung sind diejenigen, bei denen in einem der drei Rohre keine Strömung herrscht. Es ergab sich hier folgendes:

a) Strömung nur durch Rohr *I* und *III* (gerader Durchfluß, $Q = Q_d$; $Q_a = 0$).

Das senkrecht zur Strömungsrichtung stehende Rohr *II* wirkt als Manometerbohrung. Der statische Druck im Totwasserraum entspricht genau dem statischen Druck im T-Stück, unabhängig von der Größe der Wassergeschwindigkeit $v = v_d$.

$$h_{II} = h_4 - h_{R_{4-T}}$$

b) Strömung nur von Rohr *I* nach Rohr *II* (Durchfluß über Eck in das Abzweigrohr, $Q = Q_a$; $Q_d = 0$).

Rohr *III* wirkt als Staurohr. Die angeschlossenen Meßrohre zeigen einen statischen Druck an, der mit großer Genauigkeit dem statischen Druck im T-Stück zuzüglich der in Rohr *I* vorhandenen Geschwindigkeitshöhe entspricht.

$$h_{III} = h_4 - h_{R_{4-T}} + v^2/2g.$$

c) Strömung nur durch Rohr *II* und *III* (Durchfluß über Eck aus dem Abzweigrohr, $Q_a = Q$; $Q_d = 0$).

Der statische Druck in Rohr *I* ist niederer als der statische Druck im T-Stück. Die Differenz zwischen beiden ist ein konstanter Bruchteil der Geschwindigkeitshöhe im Rohr *II*. Somit:

$$h_I = h_7 - h_{R_{7-T}} - a \cdot v_a^2/2g.$$

Dieser Konstantwert a ist um so größer, je günstiger die T-Stück-Form in strömungstechnischer Hinsicht ist. Für a ergaben sich folgende Werte:

T-Stück *I*, Form 1	$a =$ 3 %		T-Stück *II*, Form 1	$a =$ 18%
2	4,2%		2	26%
3	5,0%		3	58%
4	4,9%		4	62%
			5	37%

Genauere Angaben über den Strömungsverlauf in und hinter dem T-Stück können mangels geeigneter Messungen nicht gemacht werden. Es kann nur an Hand der Widerstandskurven eine Reihe von Überlegungen durchgeführt werden, welche uns einen gewissen Einblick in den Verlauf der Strömung gewähren.

a) Trennung der Wasserströme:

Hier sehen wir bei den Widerstandszahlen für Strömung über Eck bei $Q_a/Q = 0$ den Einfluß der Bohrung.

Der Verlauf der Kurven für ζ_d ist bei Trennung der Wasserströme ziemlich verwickelt. ζ_d stimmt bei $Q_a/Q = 0$ natürlich mit dem bei Vereinigung ermittelten Werte überein. Es wurde hier nur eine Kurve eingezeichnet, da zwischen dem Verlauf der einzelnen Kurven fast kein Unterschied festgestellt werden konnte. Von $Q_a/Q = 0$ ab wird die Widerstandszahl zunächst negativ und erreicht bei $Q_a/Q = 0{,}4$ wieder positive Werte, die aber durchwegs unter den bei Vereinigung ermittelten liegen. Man kann nun annehmen, daß durch Rohr *II* ein großer Teil der langsam strömenden Randschicht abgeschöpft wird. Die mittlere Geschwindigkeit in Rohr *III* wird damit, ehe die Verzögerung eintritt, einen höheren Betrag annehmen. Von diesem Wert, der $v_{\max} = v/0{,}84$ wohl sehr nahekommen wird, erfolgt dann die Verzögerung auf v_d. Hierdurch wird ein stärkerer Druckanstieg bedingt, als der rechnerischen Änderung der Geschwindigkeitshöhe der mittleren Geschwindigkeit entsprechen würde. Die gesamte Verlustleistung V (s. S. 82) wird trotzdem selbstverständlich positiv, da die ζ_a-Werte wegen ihrer Höhe überwiegen.

b) Vereinigung der Wasserströme:

Der Verlust ζ_d wird für $Q_a/Q = 0$ bei einem Abzweig von 15 mm Durchm. zu 0, während er bei dem T-Stück mit 25 mm Durchm. im Mittel etwa den Wert 0,2 erreicht. Die Bohrung von 15 mm beeinflußt den Strömungsverlauf also nicht merklich, während die Bohrung von 25 mm schon merkliche Verluste verursacht. Diese sind bei Form 1 (scharfkantig) am größten.

Der Verlust ζ_a wird, wie schon früher gesagt, für kleine Werte Q_a/Q bis etwa 0,2 negativ. Bei dem T-Stück mit der Bohrung von 25 mm (*II*) erreicht ζ_a für $Q_a/Q = 0$ infolge der erwähnten Störungen durch die Querbohrung nicht ganz den Wert -1.

Die günstigsten untersuchten Formstücke waren diejenigen, bei welchen das Rohr *II* nach Zwischenschaltung eines kurzen konischen Stückes in die Hauptleitung einmündete. Dabei ergab sich, daß in diesem Falle der Erweiterungswinkel ein gewisses Maß nicht überschreiten darf. Für Vereinigung und Trennung ergab sich übereinstimmend, daß Formen mit Erweiterungswinkeln von mehr als 12 bis 14^0 wieder höhere Widerstandskoeffizienten ergaben.

Bei Vereinigung der Wasserströme finden wir das vom Saugrohr und vom Diffusor her bekannte Resultat bestätigt, daß Düsen mit Erweiterungswinkeln von ca. 12^0 bei Umsetzung von Geschwindigkeit in Druck die besten Wirkungsgrade ergeben.

Bei Trennung der Wasserströme scheinen die starken konischen Verengungen zu einer vermehrten Einschnürung des Strahles am Ende der Düse und damit zu starker Turbulenz zu führen, die gemeinsam die Widerstandszahl stark erhöhen.

Günstigere Resultate als mit den hier untersuchten Formstücken ließen sich wohl mit solchen erreichen, welche sowohl das konische Stück als auch eine starke Abrundung an beiden Enden des Konus haben, doch wurden diese Formen nicht untersucht, da für sie die Vorbedingung der Herstellung zu einem erschwinglichen Preis nicht erfüllt ist.

VI. Die T-Stücke im Großrohrleitungsbau.

Im Großrohrleitungsbau hat man bisher wenig Wert auf die Formgebung der T-Stücke gelegt. Meist wurden die durch solche Verbindungen bedingten Verluste durch Beträge berücksichtigt, die, soweit bekannt, wesentlich unter den hier ermittelten liegen. Dadurch schien es auch gerechtfertigt, bei der Wahl der T-Form den Preis entscheiden zu lassen. Im Preis ist nun das scharfkantige T-Stück am günstigsten. Der Abzweig wird stumpf auf das Hauptrohr aufgesetzt und mit diesem verschweißt.

Die Form *2* (abgerundet) wird meist bei geschweißten Rohren verwendet, wobei das Aufschweißen des Stutzens durch Wassergas erfolgt. Das Fabrikationsverfahren bringt es hier mit sich, daß das aufzuschweißende Stutzenende sattelförmig ausgebildet und mit dem Hauptrohr unter fortwährendem Hämmern verbunden wird. Hierdurch ergibt sich von selbst eine Abrundung der Innenkante. Wesentlich ist dabei, daß der Abrundungsradius nicht zu groß gewählt wird, da sonst die Blechstärke sehr stark vermindert wird. Wird jedoch vom Besteller eine sehr starke Abrundung gewünscht, so muß die Wandstärke des Abzweigs etwas größer gewählt werden als die des Hauptrohres, was den Preis natürlich stark erhöht.

Die Düsenform (Form *3*, *4* und *5*) eignet sich sowohl für Wassergas, wie auch für autogene Schweißung.

Bisher wurde der Erweiterungswinkel des Übergangsstückes nach Gutdünken bestimmt. Die vorliegende Arbeit gibt nun über den zweckmäßigsten Erweiterungswinkel Aufschluß.

Die Düsenform ist im allgemeinen die teuerste. Der hohe Preis dieser Form ist einmal dadurch bedingt, daß das Gewicht des konischen Stutzens höher ist, als das des entsprechenden zylindrischen und außerdem durch die längere Rundnaht am Übergang vom konischen zum zylindrischen Teil.

Sollte sich aus irgendeinem Grunde die Notwendigkeit ergeben, die Verluste möglichst zu verringern, so wird man allerdings immer versuchen müssen, das rechtwinklige T-Stück auszuschalten und es durch ein in der Störungsrichtung geneigt einmündendes Rohr zu ersetzen, obgleich der Preis dieser Ausführung wegen der damit verbundenen schwierigen Schweiß- und Biegearbeit wesentlich höher ist.

Die Untersuchung der Widerstände in solchen schiefwinkligen Rohrverzweigungen sowie in solchen mit gleichem Durchmesser aller drei Rohrstutzen bleibt einer späteren Arbeit vorbehalten.

www.ingramcontent.com/pod-product-compliance
Lightning Source LLC
Chambersburg PA
CBHW081431190326
41458CB00020B/6174